Guncha Sharma
Asha Pandey

Desenvolvimento de uma zona húmida construída para o tratamento de águas residuais domésticas

Guncha Sharma
Asha Pandey

Desenvolvimento de uma zona húmida construída para o tratamento de águas residuais domésticas

Uma técnica amblentalmente correcta

ScienciaScripts

Imprint

Any brand names and product names mentioned in this book are subject to trademark, brand or patent protection and are trademarks or registered trademarks of their respective holders. The use of brand names, product names, common names, trade names, product descriptions etc. even without a particular marking in this work is in no way to be construed to mean that such names may be regarded as unrestricted in respect of trademark and brand protection legislation and could thus be used by anyone.

Cover image: www.ingimage.com

This book is a translation from the original published under ISBN 978-3-330-34721-2.

Publisher:
Sciencia Scripts
is a trademark of
Dodo Books Indian Ocean Ltd. and OmniScriptum S.R.L publishing group

120 High Road, East Finchley, London, N2 9ED, United Kingdom
Str. Armeneasca 28/1, office 1, Chisinau MD-2012, Republic of Moldova, Europe
Printed at: see last page
ISBN: 978-620-7-88277-9

ÍNDICE

RECONHECIMENTO

Sonhamos, desejamos e trabalhamos arduamente para alcançar os nossos sonhos. Com a conclusão desta dissertação, quando me encontro à beira do futuro e olho para o passado, sinto um imenso orgulho e privilégio em reconhecer algumas pessoas meticulosas que tornaram o trabalho possível para mim. Gostaria de expressar a minha sincera gratidão a todos eles. Em primeiro lugar, dou graças a Deus pela proteção e pela capacidade de realizar o trabalho. Em segundo lugar, sinto-me muito feliz por poder aproveitar esta rara oportunidade para manifestar o meu profundo sentido de reverência e gratidão à minha orientadora, a Dra. Asha Pandey, Professora Assistente (Faculdade Convidada) do Departamento de Ciências Ambientais. Este trabalho não teria sido possível sem a sua orientação, inspiração, apoio, encorajamento, críticas constitutivas e afeto paternal ao longo de todo o processo. Sob a sua orientação, ultrapassei com êxito muitas dificuldades e aprendi muito. Os seus conhecimentos, o seu grande interesse pela investigação e a sua confiança em mim fizeram com que o trabalho corresse bem, mesmo nas piores fases.

Expresso a minha mais profunda gratidão e veneração ao estimado Professor do Departamento de Ciências do Ambiente, Dr. Alpa Yadav, Coordenador do Departamento de Ciências do Ambiente, Dr. Alok Ryan, Dr. Amit Singh e Dr. Jaya Tiwari, Professor Assistente (Docente Convidado) do Departamento de Ciências do Ambiente. O Dr. Athar Hussain, Professor Assistente do Departamento de Engenharia Ambiental e o Dr. Styanarayan Shashtri, Professor Assistente do Departamento de Ciências Ambientais da Universidade Nacional das Fiji, pelas suas sugestões construtivas e valiosas, orientação e colaboração durante todo o curso. Estou igualmente grato ao Reitor da Escola de Estudos Profissionais e Ciências Aplicadas e ao Dr. Alpa Yadav, Diretor do Departamento do Ambiente, por terem disponibilizado as instalações necessárias e pelo apoio constante a este trabalho de investigação.

Então, fico inundado de emoções e as palavras do meu léxico falham quando se trata de reconhecer a minha família e os meus entes queridos. Agradeço aos meus pais, ao meu irmão, à minha bhabhi e à minha adorável sobrinha por serem a maior força da minha vida e pelo amor, afeto, cooperação, compreensão e apoio moral que me deram. Agradeço também ao meu amigo Vaibhav Gupta por ter estado sempre ao meu lado em todos os altos e baixos durante esta fase. Aos meus amigos de mestrado Aakriti, Yashant Bhardwaj, Puspender Pratap Singh e aos meus colegas de alojamento, pela sua disponibilidade para me ouvirem e consolarem quando nada funcionava, e a muitos outros pela sua ajuda sempre que necessário.

Gostaria de agradecer a ajuda prestada por Anuj Sir, assistente de laboratório do laboratório de Ciências do Ambiente e Sushil Sir, assistente de laboratório do laboratório de Engenharia do Ambiente, bem como aos membros da messe pelo seu apoio constante durante a investigação

Não tenho palavras para expressar, mais uma vez, os meus sinceros e profundos cumprimentos à minha família, que sempre foi a luz que me guiou na vida. Ficarei sempre grato a todas as personalidades conhecidas e desconhecidas que, direta ou indiretamente, me encorajaram a atingir o meu objetivo.

Universidade Gautam Budhha, maio de 2015

(Guncha Sharma) Autora

LISTAS DE ABBEREVAÇÕES

°C	:	Degree Celsius
Approx.	:	Approximately
%	:	Percent
cm	:	Centimetre
g	:	Gram
CWS	:	Constructed Wetland System
HRT	:	Hydraulic Retention Time
HF	:	Horizontal Flow
VF	:	Vertical Flow
BCM	:	Billion Cubic Meters
MLD	:	Million Liters per Day
STP	:	Sewage Treatment Plant
N	:	Nitrogen
P	:	Phosphorous

1. INTRODUÇÃO

Sem água, tudo murcha. A água é um bem muito valioso e vital para qualquer forma de vida. Não é como qualquer outro líquido, as suas propriedades físicas e químicas são invulgares e desempenha um papel vital na regulação do clima, no processo de meteorização, nas reacções bioquímicas na célula e no ciclo de nutrientes entre os componentes bióticos e abióticos do ecossistema, o que é necessário para a sustentabilidade da vida. A água move-se entre os vários compartimentos da Terra (Litosfera, Atmosfera e Biosfera), formando assim uma circulação global perpétua. Consumimos água, desperdiçamo-la, deitamo-la fora, poluímo-la, envenenamo-la e modificamos incessantemente o ciclo hidrológico. Apesar de mais de 70% da Terra estar coberta de água, apenas 3% está apta para consumo humano, dos quais dois terços são constituídos por calotas polares e glaciares congelados e em grande parte desabitados, deixando 1% disponível para consumo, sendo os restantes 97% de água salgada, que não pode ser utilizada para fins agrícolas ou de consumo. A água é de grande importância para todos os seres vivos, chegando, nalguns organismos, a representar 90% do seu peso e, nos seres humanos, 60% do seu peso corporal.

O Homem necessita de água para uma variedade de fins, incluindo domésticos, irrigação, indústrias, gestão de gado, produção de energia térmica, pesca, navegação e actividades recreativas. O sector agrícola é o maior consumidor de água doce (76%), seguido da produção de energia (6,2%), das indústrias (5,7%) e da gestão doméstica e pecuária (4,3%) (Murugesan e Rajakumari, 2009). A mudança impulsiva da comunidade humana do estilo de vida tradicional para a modernização e a urbanização envolveu a destruição de valiosos recursos naturais não renováveis e a desintegração do ambiente. A população mundial está atualmente a crescer a uma taxa de cerca de **1,14%** por ano. A variação média da população está atualmente estimada em cerca de 80 milhões por ano. Atualmente, a China é o país com a maior população do mundo, mas estima-se que, em 2030, a população da Índia ultrapasse a da China. Como resultado da industrialização e do estilo de vida sofisticado das pessoas, a procura de água per capita aumentou e também o consumo excessivo e imprudente de água. Assim, com o aumento do volume de efluentes, muitas novas substâncias estão a ser adicionadas à água. A descarga de esgotos não tratados nas massas de água resultou na contaminação de 75% de todas as massas de água de superfície em toda a Índia. A situação pode piorar no futuro, uma vez que a população mundial continua a aumentar, exigindo assim mais água para diferentes fins, o que pode resultar na produção de contaminantes em quantidades que excedem largamente a capacidade de gestão. Encontrar formas de lidar com este problema é a tarefa mais difícil.

Como os recursos hídricos não estão distribuídos uniformemente pelos diferentes continentes, alguns países têm excedentes de água, enquanto muitos outros já enfrentam escassez de água. Estima-se que mais de mil milhões de pessoas vivem atualmente em regiões com escassez de água e que 3,5 mil milhões poderão vir a sofrer de escassez de água até 2025. A Índia representa 2,45% da superfície terrestre e 4% dos recursos hídricos do mundo, mas representa 16% da população mundial.

Nas zonas urbanas, a água é captada em rios, ribeiros, poços e lagos para utilizações domésticas e industriais. Estima-se que, em comparação com a água fornecida, quase 80% da água é deixada de fora como águas residuais. A maior parte das águas residuais não são tratadas e afundam-se no solo, o que conduz a uma parte potencial da poluição das águas subterrâneas, ou são descarregadas no sistema de drenagem natural, o que causa poluição nas zonas a jusante, o que conduz direta ou indiretamente à escassez de água doce. Para sustentar a vida, a preservação e a proteção do nosso abastecimento de água é importante e exige a purificação e a reutilização da água que é atualmente desperdiçada.

Esta escassez de água serviu para motivar as pessoas e os municípios a começarem a reutilizar as águas residuais. As águas residuais são "uma combinação de um ou mais efluentes domésticos que consistem em águas negras (excrementos, urina e lamas fecais) e águas cinzentas (águas residuais de cozinha e de banho), águas de estabelecimentos comerciais e instituições, incluindo hospitais, efluentes industriais, águas pluviais e outros escoamentos urbanos; efluentes agrícolas, hortícolas e de aquacultura, dissolvidos ou em suspensão (Raschid-Sally e Jayakody, 2008). Dependendo da substância presente nas águas residuais, podem ser adoptadas diferentes combinações de operações e processos unitários para a sua remoção, de modo a satisfazer as normas de receção estabelecidas pelos organismos governamentais. Devido ao elevado custo do tratamento das águas residuais, as autoridades responsáveis pelo tratamento têm tendência a eliminar as águas residuais parcialmente ou sem tratamento. O problema da eliminação de efluentes não tratados em zonas terrestres sem massas de água superficiais é praticamente impossível e economicamente inviável. Estas situações exigem um método de tratamento económica e tecnicamente aceitável.

O fluxo de águas residuais flutua com as variações na utilização da água, que é afetada por uma multiplicidade de factores, incluindo o clima, a dimensão da comunidade, os padrões de vida, a fiabilidade e a qualidade do abastecimento de água, os requisitos ou práticas de conservação da água e a extensão dos serviços de contadores, para além do grau de industrialização, do custo da água e da pressão de abastecimento. As três operações básicas da engenharia das águas residuais são a recolha, o tratamento e a eliminação. O principal objetivo do tratamento de águas residuais é, em geral, permitir que os efluentes domésticos e industriais sejam eliminados sem perigo para a saúde humana ou danos inaceitáveis para o ambiente natural. O tratamento de águas residuais mais adequado a ser aplicado antes da utilização dos efluentes na agricultura é aquele que produzirá um efluente que satisfaça as directrizes de qualidade microbiológica e química recomendadas, a baixo custo e com requisitos mínimos de operação e manutenção (Arar, 1989). Foram estabelecidos vários sistemas convencionais de tratamento de águas residuais que consistem numa combinação de processos e operações físicas, químicas e biológicas para remover sólidos, matéria orgânica e, por vezes, nutrientes das águas residuais. Sendo as estações de tratamento de águas residuais (ETAR) dispendiosas para um país em desenvolvimento como a Índia, é um desafio suportar os seus custos de manutenção e de funcionamento. Por isso, é necessário estabelecer certas tecnologias sustentáveis e amigas do ambiente, como o sistema de tratamento do solo, filtros de vegetação, lagoas de oxidação, biofiltros, zonas húmidas construídas, etc.

O sistema de tratamento no solo é uma eliminação sistemática e devidamente planeada de águas residuais brutas ou parcialmente tratadas no solo, onde os nutrientes contidos nas águas residuais são utilizados para o crescimento vegetativo. Todo o sistema biológico, constituído por solo, microrganismos e vegetação, actua como um filtro vivo e filtra as águas residuais física, biológica e quimicamente, o que ajuda a manter a ecologia do solo e contribui também para um tratamento alternativo de baixo custo das águas residuais. As águas residuais domésticas não contêm qualquer elemento nocivo e são geralmente aceitáveis para tratamento no solo. Proporcionam uma oportunidade de disponibilidade de água para irrigação e um benefício adicional de biomassa vegetativa. O tratamento pode ser estabelecido tendo em conta a topografia, o clima, o tipo de cobertura vegetal e a profundidade do lençol freático. Um desses sistemas de tratamento do solo é a zona húmida construída.

As zonas húmidas são áreas de transição entre a terra e a água, cujas fronteiras nem sempre são distintas. O termo "zonas húmidas" engloba uma vasta gama de ambientes húmidos, incluindo pântanos, turfeiras, pântanos, prados húmidos, zonas húmidas de maré, planícies aluviais e zonas húmidas ao longo de canais de cursos de água. As zonas húmidas proporcionam uma série de funções e valores. A maioria das zonas húmidas suporta um crescimento denso de plantas vasculares adaptadas a condições saturadas. Esta vegetação abranda a velocidade da água, cria microambientes na coluna de água e fornece locais de fixação para a comunidade microbiana. A folhada que se acumula quando as plantas morrem no outono cria material adicional e locais de troca, e fornece uma fonte de carbono, azoto e fósforo para alimentar os processos microbianos. Uma zona húmida construída (CW) é uma zona húmida artificial criada para o tratamento in-situ de águas contaminadas. As zonas húmidas construídas foram descobertas no início dos anos 50 pela Dra. Kathe Seidel no Instituto Max Plack em Plon, Alemanha, que testou a capacidade dos juncos para tratar águas residuais, o que levou à criação da primeira CW subterrânea para o tratamento de águas residuais municipais em 1974 na comunidade da Alemanha. Durante o final do século XX, a popularidade das CW aumentou na Europa e na América do Norte. O tratamento de águas residuais por meio de zonas húmidas construídas pode ser um processo de baixo custo e baixo consumo de energia, exigindo um mínimo de atenção operacional. Também fornecem habitats importantes para a vida selvagem, proporcionam à população local locais de recreio e ajudam as pessoas a estarem mais conscientes do ambiente que as rodeia. Nas comunidades asiáticas em desenvolvimento, as Zonas Húmidas Construídas podem ser utilizadas para tratar águas cinzentas ou como tratamento secundário de esgotos domésticos, podendo assim ser reutilizadas para fins agrícolas.

Objetivo do estudo

O presente estudo tem como objetivo criar um sistema CW que possa fornecer um sistema descentralizado de águas residuais que possa proporcionar benefícios ecológicos e comerciais. Os objectivos do presente estudo são:

- Estudar a carga físico-química dos poluentes presentes nas águas cinzentas descarregadas do refeitório do Campus Universitário.
- Desenvolvimento de um sistema de zonas húmidas construídas de fluxo sub-superficial para o tratamento de águas residuais
- Reconhecer a eficiência do tratamento de águas residuais de várias espécies de plantas no âmbito do ensaio.
- Recomendar espécies que possam ser mais adequadas para a construção de zonas húmidas para o tratamento de águas cinzentas.

2. REVISÃO DA LITERATURA

2.1 Utilização da água na Índia

Os três principais sectores de consumo de água na Índia são os sectores agrícola, industrial e doméstico, que competem entre si por um abastecimento limitado. Todos os três sectores competem pelo consumo, uma vez que o crescimento económico está associado a cada um deles. Estima-se que a utilização total de água para todos os tipos de utilização deverá aumentar de 710 BCM em 2010 para 1180 BCM em 2050.

Tabela 2.1: Cenário de utilização da água em vários sectores da Índia (NCIWRD, 1999)

Sectores	Utilização da água 2010 (%)	Utilização da água 2050 (%)
Irrigação	78	68
Doméstico	6	9.5
Indústrias	5	7
Desenvolvimento de energia	3	6
Outros	8	9.5

Estima-se que o consumo de água aumente no sector doméstico devido ao rápido aumento da população e da urbanização. Estima-se que a procura de água deverá aumentar de 688 Km^3 para 1072 Km^3 no sector agrícola, 56 Km^3 para 1072 Km^3 no sector doméstico e 12 Km^3 para 63 Km^3 no sector industrial entre 2010 e 2050 (Ministério dos Recursos Hídricos, 2009)

2.2 Produção de águas residuais e eficiência do tratamento

Com o aumento do consumo de água em vários sectores, a produção de águas residuais está a aumentar. Se as mesmas não forem recolhidas, tratadas e eliminadas corretamente, constituirão uma ameaça para as massas de água doce disponíveis localmente que fornecem água. Além disso, os resultados cumulativos de águas residuais não tratadas podem ter efeitos degenerativos alargados tanto na saúde pública como no ecossistema. De acordo com a CPCB (2009), a maioria das estações de tratamento existentes que funcionam com o processo de lamas activadas não estão a funcionar satisfatoriamente devido a uma série de razões, tais como um sistema de recolha ineficaz, a falta de recursos financeiros para gerir a estação, a escassez ou ausência de eletricidade e mesmo a falta de esgotos. Cerca de 39% das estações não cumprem as normas gerais de descarga em cursos de água prescritas nas regras de proteção do ambiente de 1986. Normalmente, as ETAR estão localizadas onde há terreno disponível, e não onde se encontram as águas residuais. As águas residuais são recolhidas, bombeadas e transportadas ao longo de uma grande distância antes de chegarem finalmente a uma ETAR. Os custos de funcionamento e de manutenção deste sistema de transporte são muito elevados. Assim, a instalação de uma ETAR não garante o fim de todos os problemas, antes torna a tarefa mais complexa.

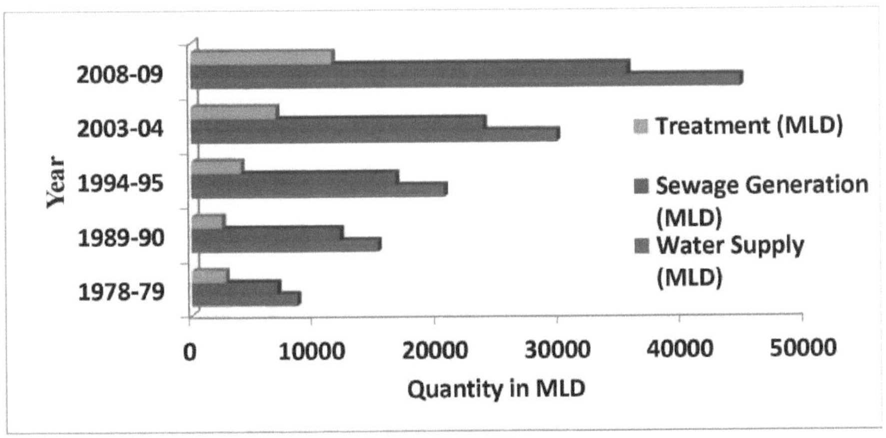

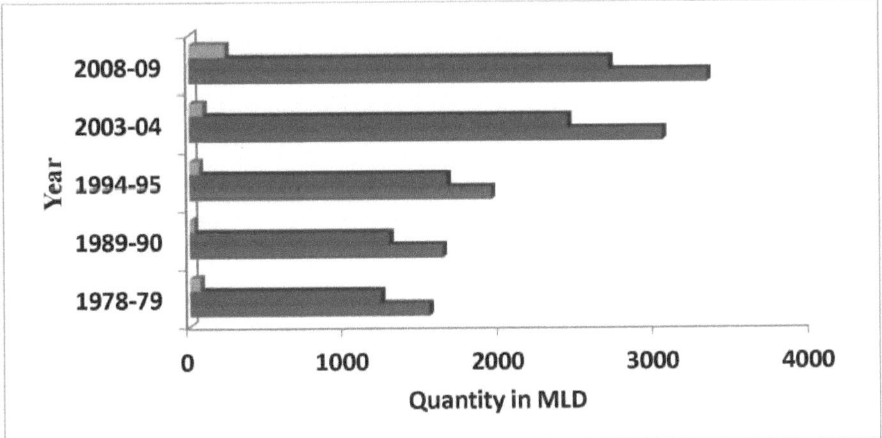

Fig. 2.1: Situação do abastecimento, produção e tratamento de águas residuais nas cidades de Classe I e Classe II na Índia (CPCB, 2009).

As águas residuais tratadas são geralmente eliminadas sem qualquer planeamento prévio, quer numa área aberta, numa massa de água próxima ou em esgotos que já estão cheios de águas residuais não tratadas provenientes de várias fontes. Assim, as águas residuais tratadas misturam-se com lamas não tratadas e correm para um rio, anulando assim todo o objetivo de ter um sistema de tratamento.

2.3 Características das águas residuais

O fluxo de águas residuais flutua com as variações na utilização da água, que é afetada por uma multiplicidade de factores, incluindo o clima, a dimensão da comunidade, os padrões de vida, a fiabilidade e a qualidade do abastecimento de água, os requisitos ou práticas de conservação da água e a extensão dos serviços de contadores, para além do grau de industrialização, do custo da água e da pressão de abastecimento. As águas residuais são constituídas principalmente por água e por concentrações relativamente pequenas de sólidos orgânicos e inorgânicos em suspensão e dissolvidos. Entre as substâncias orgânicas presentes nas águas residuais domésticas encontram-se os hidratos de carbono, a lenhina, as gorduras, os sabões, os detergentes sintéticos, as proteínas e os seus produtos de decomposição, bem como vários produtos químicos orgânicos naturais e sintéticos. Os diferentes tipos de águas residuais domésticas têm características diferentes e são classificados em duas grandes categorias: águas cinzentas e águas negras. As águas cinzentas são definidas como as águas residuais sem qualquer entrada proveniente de sanitas, o que significa que correspondem às águas residuais produzidas em banheiras, chuveiros, lavatórios, máquinas de lavar roupa e lava-loiças de cozinha, em habitações, edifícios de escritórios, escolas, etc. Esta fração de águas residuais é menos poluída do que as águas residuais municipais, devido à ausência de fezes, urina e papel higiénico e, por conseguinte, à ausência de maus cheiros. Os sabões e detergentes são os principais componentes das águas cinzentas (Jefferson *et al.* 1999). Dixon *et al.*, 1999 estudaram o impacto do armazenamento na qualidade da água cinzenta. Descobriram que o armazenamento durante 24 horas melhorava a qualidade das águas residuais mas, por outro lado, o armazenamento durante mais de 48 horas pode ser um problema sério porque o oxigénio dissolvido se esgota.

As águas residuais domésticas são geralmente divididas em águas residuais de baixa, média e alta resistência, dependendo da concentração de vários nutrientes e substâncias orgânicas presentes nas mesmas. O pH das águas residuais domésticas é geralmente de natureza alcalina e o oxigénio dissolvido varia entre 1,5 e 2,4 (Trivedy e Goel, 1984; Lens et al., 1994). As águas residuais são constituídas por uma elevada concentração de nutrientes, como o azoto e o fósforo, que causam a proliferação de algas (Smith 2003) e problemas de eutrofização associados, como a depleção de oxigénio, efeitos tóxicos em organismos não visados e alterações gerais das funções dos ecossistemas (Glasgow e Burkholder 2000; Boesch *et al.* 2001; Dudgeon *et al.* 2006). Os teores médios de azoto, fósforo e potássio nas águas residuais municipais das cidades indianas são calculados em 30 mg l^{-1}, 7,50 mg l^{-1} e 25 mg l^{-1} respetivamente (CPCB, 2009)

Tabela 2.2: Características das águas residuais com base na concentração de poluentes (UNDTCD, 1985)

Contaminante	Concentração (mg/L)		
	Elevado	Médio	Baixa
Sólidos totais	1200	700	350
Sólidos dissolvidos (TDS)	850	500	250
Sólidos em suspensão (TSS)	350	200	100

Azoto (como N)	85	40	20
Fósforo (como P)	20	10	6
Cloreto	100	50	30
Carência biológica de oxigénio	300	200	100
Carência química de oxigénio	800	430	250
Coliformes totais	106-108	107-109	$107-10^{10}$
Coliformes fecais	103-105	104-106	105-108

2.4 Reutilização de águas residuais

Os processos naturais sempre limparam a água através da sua capacidade natural de atenuação, fluindo através de rios, lagos, ribeiros e zonas húmidas naturais. O principal objetivo do tratamento de águas residuais é, geralmente, permitir que os efluentes humanos e industriais sejam eliminados sem perigo para a saúde humana ou danos inaceitáveis para o ambiente natural. A reutilização de águas residuais não tratadas na agricultura tem sido praticada em todo o mundo, especialmente em zonas onde a pobreza limita o acesso dos agricultores a água doce e a fertilizantes. Como pode conduzir a riscos para a saúde, tem sido dada muita atenção às implicações para a saúde e para o ambiente da reutilização de águas residuais brutas e/ou tratadas na rega agrícola (Rosas 1984;

Chang 2001; Salgot 2003). Vários estudos previram um maior crescimento de culturas agrícolas, folhagens, frutos e legumes quando irrigados com águas residuais.

Os sistemas convencionais de tratamento de águas residuais baseiam-se na combinação de processos e operações físicas, químicas e biológicas para remover sólidos, matéria orgânica e, por vezes, nutrientes das águas residuais. Entre todos os sistemas de tratamento de águas residuais, alguns são criados à semelhança das condições naturais e um deles é o das zonas húmidas construídas, que é utilizado para melhorar a qualidade da água poluída devido a fontes pontuais e não pontuais, incluindo o escoamento de águas pluviais, águas residuais domésticas, águas residuais agrícolas, drenagem de minas de carvão, resíduos de refinarias de petróleo, lixiviados de compostagem e de aterros, descargas de tanques de peixes e águas residuais industriais pré-tratadas, como as provenientes de fábricas de pasta de papel e papel, fábricas têxteis e transformação de marisco. Durante a última década, os sistemas de zonas húmidas construídas foram desenvolvidos em diferentes partes da Índia, principalmente a uma escala experimental

2.5 Sistema de zonas húmidas construídas (CWS)

O Sistema de Zonas Húmidas Construídas, em contraste com as zonas húmidas naturais, são sistemas artificiais ou zonas húmidas artificiais que são concebidas, construídas e operadas para emular as funções das zonas húmidas naturais para os desejos e necessidades humanas. As águas residuais são introduzidas na bacia e fluem sobre a superfície ou através do substrato, sendo descarregadas para fora da bacia através de uma estrutura que controla a profundidade das águas residuais na zona húmida. São constituídas por cinco componentes principais: bacia, substrato, vegetação, revestimento e sistema de disposição da entrada/saída. As zonas húmidas construídas têm um bom potencial para o tratamento de águas residuais nos países em desenvolvimento devido ao seu funcionamento simples e aos baixos custos de implementação (Konnerup *et. al.* 2009). Existem várias configurações de desenho de zonas húmidas construídas (Haberl, 1999), nomeadamente zonas húmidas de fluxo superficial, zonas húmidas de fluxo subsuperficial e sistemas híbridos que incorporam zonas húmidas de fluxo superficial e subsuperficial. Uma zona húmida de fluxo superficial (SF) consiste numa bacia pouco profunda, solo ou outro meio para suportar as raízes da vegetação, e uma estrutura de controlo da água que mantém uma profundidade de água pouco profunda. A superfície da água está acima do substrato. As zonas húmidas SF assemelham-se muito a pântanos naturais e podem proporcionar habitat para a vida selvagem e benefícios estéticos, bem como tratamento de águas residuais. Nas zonas húmidas SF, a camada próxima da superfície é aeróbia, enquanto as águas mais profundas e o substrato são geralmente anaeróbios. As zonas húmidas SF são por vezes designadas por zonas húmidas de superfície de água livre ou, se se destinarem à drenagem de águas residuais de minas, zonas húmidas aeróbias. As vantagens das zonas húmidas SF são que os seus custos de capital e de operação são baixos e que a sua construção, operação e manutenção são simples. A principal desvantagem dos sistemas SF é que eles geralmente requerem uma área de terra maior do que outros sistemas.

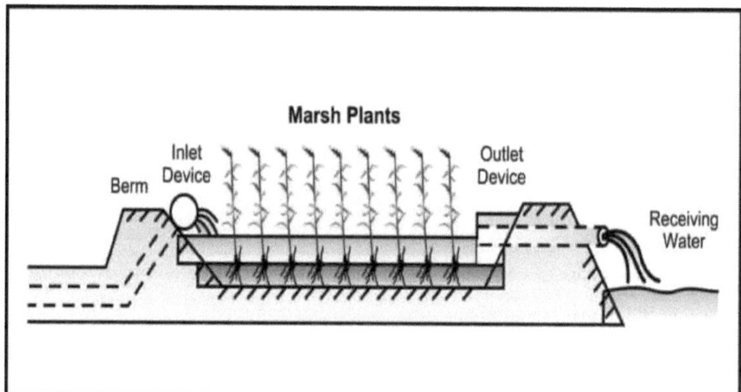

Fig. 2.2 Zona húmida construída de fluxo superficial

As zonas húmidas construídas com fluxo subsuperficial são principalmente de dois tipos, com base nas direcções do fluxo: fluxo horizontal (HF) e fluxo vertical (VF). Nas zonas húmidas construídas de fluxo horizontal (HF), as águas residuais são introduzidas na entrada e fluem lentamente através do substrato poroso sob a superfície do leito, numa trajetória mais ou menos horizontal, até atingirem a zona de saída. Durante esta passagem, as águas residuais entram em contacto com uma rede de zonas aeróbias, anóxicas e anaeróbias. As zonas aeróbias situam-se em torno das raízes e rizomas da vegetação das zonas húmidas, que libertam oxigénio para o substrato. Durante a passagem das águas residuais pela rizosfera, estas são depuradas por degradação microbiológica e por processos físicos e químicos (Cooper *et al.* 1996). No entanto, as zonas húmidas construídas de fluxo vertical (VF) são constituídas por um leito plano de areia coberto com cascalho e vegetação. As águas residuais são alimentadas a partir do topo e depois percolam gradualmente através do leito e são recolhidas por uma rede de drenagem na base. As zonas húmidas VF são alimentadas de forma intermitente num grande lote que inunda a superfície. O líquido escorre gradualmente pelo leito e é recolhido por uma rede de drenagem na base. O leito drena completamente e permite que o ar volte a encher o leito. A dose seguinte de líquido retém este ar, o que, juntamente com o arejamento causado pela dosagem rápida no leito, conduz a uma boa transferência de oxigénio e, consequentemente, à capacidade de nitrificação.

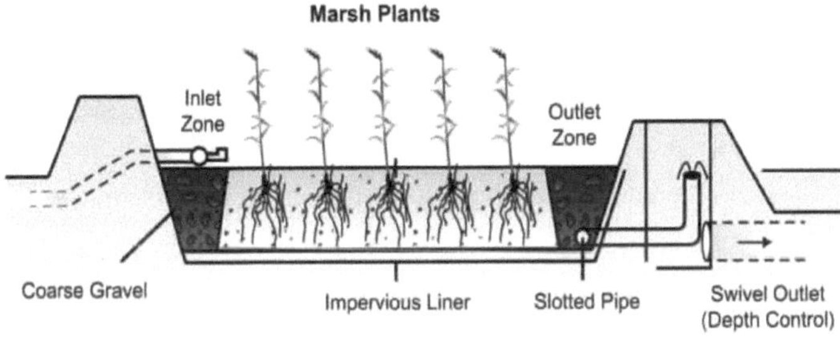

Fig 2.3 Zona húmida construída de fluxo subsuperficial

2.5.1 Espécies de zonas húmidas construídas e sua importância

A vegetação desempenha um papel importante na remoção de nutrientes nas zonas húmidas (Brix 1997; Kivaisi, 2001; Clarke e Baldwin, 2002; Matheson *et al.*, 2002; Mbuligwe, 2004). As funções mais significativas das plantas das zonas húmidas (emergentes) em relação à purificação da água são os efeitos físicos trazidos pela presença das plantas. As plantas fornecem uma enorme área de superfície para a fixação e crescimento de micróbios. Os componentes físicos das plantas estabilizam a superfície dos leitos, abrandam o fluxo de água, ajudando assim no processo de sedimentação e aprisionamento e, finalmente, aumentando a transparência da água. As plantas absorvem nutrientes como N, P e K das águas residuais, transportam oxigénio para a zona das raízes do solo para permitir que os micróbios aeróbicos decomponham os poluentes.

Algumas das espécies amplamente utilizadas em zonas húmidas construídas são o lírio-canário, o taro, a Phragmites, a Typha, etc.

Lírio Canna: Todas as variedades de canna gostam de sistemas de meios rochosos, mas não crescem em águas abertas. Produzem cores maravilhosas na paisagem desde a primavera até ao final do verão. Aumentam a beleza estética e são eficientes na remoção de poluentes das águas residuais.

Taro / Orelha de Elefante *Colacasiaesulenta*: Pensa-se que seja nativo do Sul da Índia e do Sudeste Asiático, mas está amplamente naturalizado. Estas espécies contribuem de forma atractiva para a paisagem e podem crescer até grandes proporções e gerar uma boa quantidade de biomassa.

Phragmites: Vulgarmente conhecidas como juncos, são gramíneas altas e perenes com um rizoma perene extenso que se encontram em zonas húmidas nas regiões temperadas e tropicais do mundo.

Typha: Vulgarmente conhecidas como taboas, são omnipresentes em termos de distribuição, resistentes, capazes de prosperar em diversas condições ambientais, fáceis de propagar e, por conseguinte, representam uma espécie vegetal ideal para zonas húmidas construídas.

2.5.2 Mecanismo de tratamento de águas residuais de zonas húmidas construídas

Verificou-se que as zonas húmidas são eficazes no tratamento de CBO, TDS, azoto e fósforo, bem como na redução de metais, poluentes orgânicos e agentes patogénicos. Os principais mecanismos de remoção de poluentes nas zonas húmidas construídas incluem processos biológicos como a atividade metabólica microbiana e a absorção pelas plantas, bem como processos físico-químicos como a sedimentação, a adsorção e a precipitação nas interfaces água-sedimento, raiz-sedimento e planta-água (Reddy e DeBusk, 1987).

A degradação microbiana desempenha um papel dominante na remoção de matéria orgânica biodegradável solúvel/coloidal nas águas residuais. A biodegradação ocorre quando a matéria orgânica dissolvida é transportada para os biofilmes que se fixam nos caules das plantas submersas, nos sistemas radiculares e no solo ou meio circundante através do processo de difusão. Os sólidos em suspensão são removidos por filtração e sedimentação gravitacional.

Existem estudos suficientes que indicam alguns papéis desempenhados pelas plantas das zonas húmidas na remoção do azoto, mas a importância da absorção pelas plantas em relação à nitrificação/desnitrificação continua a ser questionada. O azoto (N) pode existir sob várias formas, nomeadamente azoto amoniacal (NH_3) e NH_4^+), azoto orgânico e azoto oxidado (NO^{2-} e NO^{3-}). A remoção do azoto é conseguida através da nitrificação/desnitrificação, volatilização do amoníaco

(NH3), armazenamento em detritos e sedimentos, e absorção pelas plantas das zonas húmidas e armazenamento na biomassa vegetal (Brix, 1997). O azoto é absorvido pelas macrófitas num estado mineralizado e incorporado na biomassa da planta. O azoto acumulado é libertado no sistema durante um período de morte. A absorção pelas plantas não é uma medida de remoção líquida. Isto deve-se ao facto de a biomassa vegetal morta se decompor em detritos e folhada durante o ciclo de vida, e algum deste azoto ser lixiviado e libertado no sedimento. O fósforo está presente nas águas residuais sob a forma de ortofosfato, ortofosfato desidratado (polifosfato) e fósforo orgânico. A conversão da maior parte do fósforo nas formas de ortofosfato ($H_2PO_4^-$, PO_4^{2-}, PO_4^{3-}) é causada pela oxidação biológica. A maior parte do componente de fósforo pode fixar-se no meio do solo. A remoção do fosfato é conseguida através de processos físico-químicos, por adsorção, complexação e reacções de precipitação. *As plantas das zonas húmidas também são eficazes na absorção de metais.* Metais como o zinco e o cobre ocorrem em formas solúveis ou associadas a partículas e a sua distribuição é determinada por processos físico-químicos como a adsorção, a precipitação, a complexação, a sedimentação, a erosão e a difusão. Os metais acumulam-se na matriz de um leito através da adsorção e complexação com material orgânico. Os metais são também reduzidos através da absorção direta pelas plantas das zonas húmidas. No entanto, a acumulação excessiva de metais pode matar as plantas.

2.5.3 Vantagens das zonas húmidas construídas

As Zonas Húmidas Construídas Descentralizadas são uma alternativa mais barata para o tratamento de águas residuais utilizando recursos locais. Esteticamente, é uma zona húmida com um aspeto mais paisagístico em comparação com as estações de tratamento de águas residuais convencionais. Este sistema promove a utilização sustentável dos recursos locais, o que constitui um sistema de tratamento biológico de águas residuais mais amigo do ambiente. As zonas húmidas construídas podem ser criadas com métodos de baixa tecnologia, não sendo necessárias ferramentas tecnológicas novas ou complexas. O sistema baseia-se em fontes de energia renováveis, como a energia solar e cinética, e em plantas de zonas húmidas, incluindo microrganismos, que são os agentes activos nos processos de tratamento. O sistema pode tolerar grandes e pequenos volumes de água e níveis variáveis de contaminantes. O sistema pode ser promovido a vários utilizadores potenciais para a melhoria da qualidade da água e a remoção de poluentes. Estes potenciais utilizadores incluem a indústria do turismo, departamentos governamentais, empresários privados, residências privadas, indústrias de aquacultura e agro-indústrias. A utilização de produtos e mão de obra locais ajuda a reduzir os custos de operação e manutenção das indústrias aplicadas. São necessárias menos energia e matérias-primas, com mão de obra periódica no local, em vez de atenção contínua a tempo inteiro. Este sistema pode indiretamente contribuir muito para a redução da utilização de recursos naturais em estações de tratamento convencionais e descargas de águas residuais em cursos de água naturais.

O sistema de zonas húmidas construídas pode também ser utilizado para limpar rios poluídos e outras massas de água. Esta tecnologia derivada pode eventualmente ser utilizada para reabilitar rios extremamente poluídos no país. Atualmente, são largamente aplicados no tratamento primário e secundário de águas residuais, no polimento e desinfeção de efluentes terciários, na gestão de escoamentos urbanos e rurais, na gestão de substâncias tóxicas, no tratamento de lixiviados de aterros e minas, na gestão de lamas, no tratamento de efluentes industriais, no reforço da assimilação de nutrientes no curso de água, na remoção de nutrientes através da produção e exportação de biomassa e na recarga de águas subterrâneas. O principal objetivo dos sistemas de tratamento de zonas húmidas construídas é o tratamento de vários tipos de águas residuais (municipais, industriais, agrícolas e pluviais). No entanto, o sistema também serve normalmente outros objectivos. Uma zona húmida pode servir de santuário para a vida selvagem e proporcionar um habitat para animais das zonas húmidas. O sistema de zonas húmidas pode também ser esteticamente agradável e servir como um destino atrativo para turistas e habitantes urbanos locais. Pode também servir como um santuário de atração pública para os visitantes explorarem as suas possibilidades ambientais e educativas. O sistema atrai diferentes grupos, desde engenheiros a pessoas envolvidas em instalações de tratamento de águas residuais, bem como ambientalistas e pessoas preocupadas com o lazer. Assim, o sistema de tratamento de zonas húmidas construídas proporciona uma imensa arena educativa nos domínios da investigação e da formação.

3. MATERIAIS E MÉTODOS

3.1 Produtos químicos e requisitos:

Os produtos químicos utilizados no estudo eram de grau analítico e foram adquiridos na Central Drug House (CDH), Fisher e Qualigels

3.2 Artigos de vidro e artigos de plástico

Todos os artigos de vidro e de plástico foram fornecidos pela Infusil e pela Borosil.

3.3 Instrumentos utilizados

Quadro 3.1: Lista dos instrumentos utilizados

S.N.	Nome do instrumento	Fabricante
1	Balança eletrónica	Cidadão
2	Medidor de DO	HACH
3	Medidor de pH	HACH
4	Medidor de condutividade	HACH
5	Nefalómetro	HACH
6	Fotómetro de chama	Elico CL-361
7	Espectrofotómetro UV-VIS	Perkin Elmer
8	Placa quente	Glassco
9	Digestor de CQO	HACH
10	Incubadora	YVR Life Science
11	Bomba de aeração	Popular Scientific (PSAW)
12	Forno de ar quente	Acumen Labware

3.4 Descrição do sítio experimental

O presente estudo foi efectuado na Universidade Gautam Buddha, distrito de Gautam Budha Nagar, Uttar Pradesh. O local situa-se a 28^0 24' 14" N de latitude e 77^0 32' 34" E de longitude a uma altitude de 200 metros acima do nível médio do mar. O clima do distrito é sub-húmido e caracterizado por um verão quente e uma estação fria. A precipitação média anual na região é de cerca de 700 mm. O distrito de Gautam Budh Nagar situa-se na sub-bacia do Yamuna e faz parte do Ganga Yamuna Doab. Os principais tipos de solo encontrados nesta região são o franco-arenoso e o argiloso.

3.5 Conceção e instalação de zonas húmidas construídas

Para o presente estudo, foram concebidas e instaladas no local da experiência cinco zonas húmidas construídas com fluxo sub-superficial para estudar a taxa de remoção de poluentes. As zonas húmidas foram construídas cortando verticalmente um recipiente cilíndrico de plástico. As dimensões das zonas húmidas construídas eram: 88 cm de comprimento, 55 cm de largura e uma profundidade de 27,5 cm. O desenho e a instalação das zonas húmidas construídas. Foram utilizados cascalhos de três tamanhos diferentes como substrato na CW. A camada mais baixa (12 cm) da zona húmida foi preenchida com pedregulhos de 9 cm de tamanho, seguidos de calhaus de 6 cm de tamanho (camada de 8 cm) e a camada mais alta (camada de 6 cm) foi preenchida com seixos de 25 mm de tamanho para o fluxo livre de águas residuais nas zonas húmidas, como se mostra na Figura 3.1. Foram seleccionadas três espécies de plantas *Canna Indica* (Canna), *Nephrolepis exaltata* (Fetos), *Tagetes patula* (Marie Gold) com base na sua adaptabilidade regional, importância comercial e estética.

Para o início da experiência, foi selecionado um tanque de águas residuais no campus universitário. O esgoto selecionado consiste exclusivamente nas águas residuais provenientes do refeitório das raparigas Rama Bai Ambedkar e Savitri Bai Fulle, no qual são cozinhados alimentos para cerca de 200 estudantes por dia, sem mistura intermitente com efluentes de laboratório e outros. Foram recolhidas amostras do tanque para uma análise físico-química preliminar das águas residuais. No total, foram instaladas cinco CWs no local, 3 das quais consistiam em espécies individuais de Canna, Feto e Marie Gold, uma CW tinha uma mistura de espécies de Canna, Fetos e Marie Gold e uma CW estava em branco, sem qualquer espécie de planta, mas com um leito de cascalho semelhante a outras zonas húmidas. O CW de espécies mistas foi instalado para ver o efeito combinado de diferentes espécies na eficiência de remoção de poluentes, no entanto, o CW em branco foi concebido para ver a eficiência de remoção do leito de cascalho na ausência de plantas. Cada zona húmida tem um espaçamento de planta a planta de 6 X 4,5 polegadas, portanto, tinha 20 mudas em cada CW, no entanto, o CW misto tinha 7 Marigold, 8 Canna e 5 espécies de fetos mostrados na Figura 3.2. A disposição das plantas nas zonas húmidas construídas no âmbito dos ensaios é mostrada na Figura 3.3.

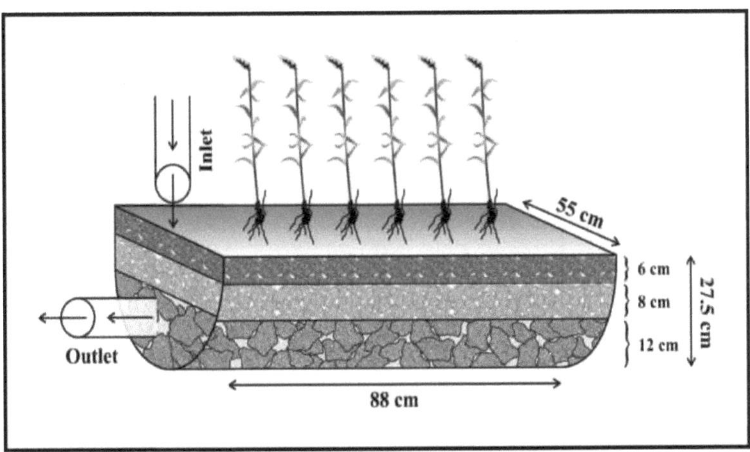

Figura 3.1: Dimensões das camadas de gravilha e tamanho da gravilha na zona húmida construída no âmbito do ensaio

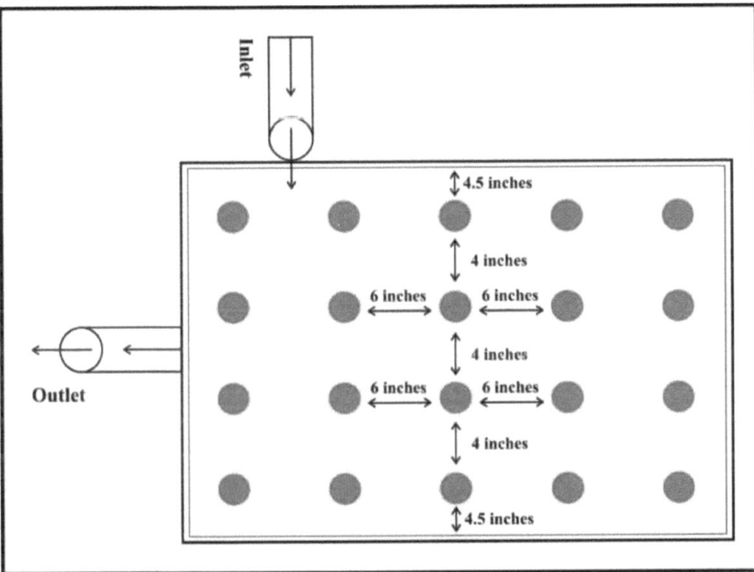

Figura 3.2: Espaçamento entre plantas em zonas húmidas construídas

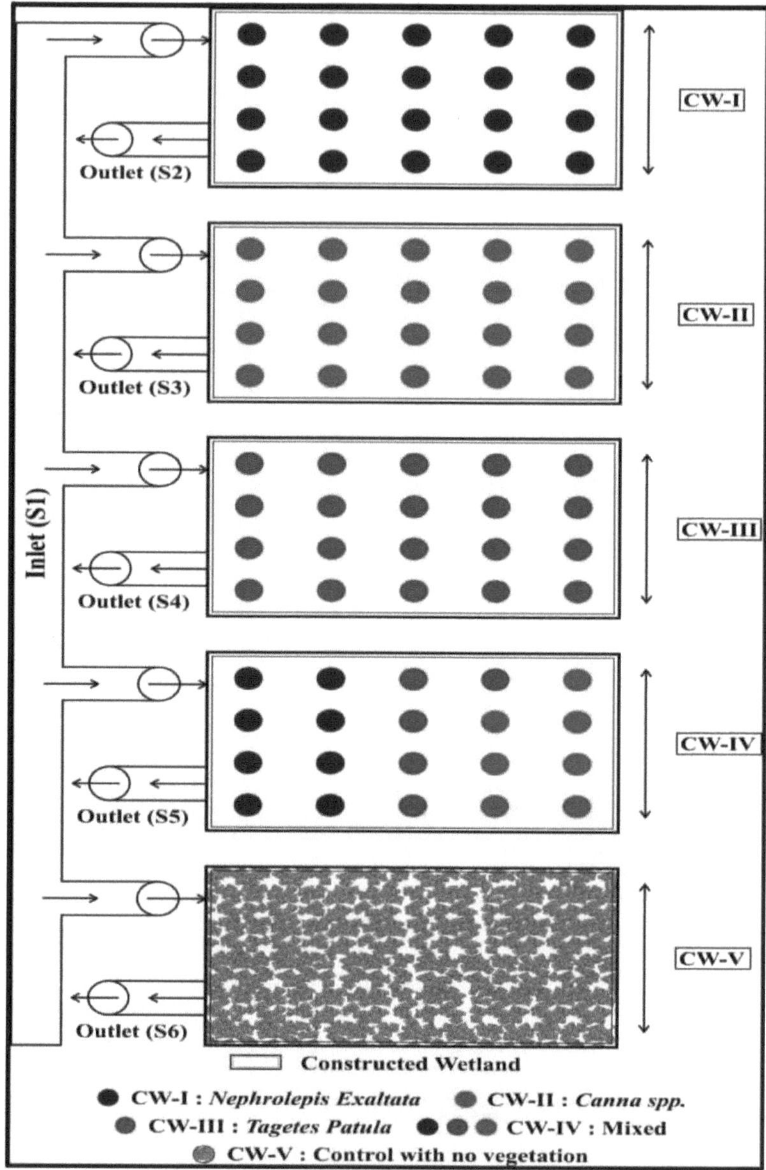

Figura 3.3 Disposição da zona húmida construída

Figura 3.4: Crescimento das plantas no início do ensaio, fevereiro de 2015

Figura 3.5: Crescimento das plantas no final do ensaio, abril de 2015

Figura 3.6: Recolha de águas residuais do esgoto

Figura 3.7: Entrada manual de águas residuais nos CWs sob ensaio

Quadro 3.2: Designação dos vários tratamentos da zona húmida construída em estudo

S.N.	Zona húmida construída	Espécies vegetais plantadas
1	T1	*Nephrolepis Exaltata* (Fetos)
2	T2	*Canna Indica* (Canna)
3	T3	*Tagetes Patula* (Marie Gold)

| 4 | T4 | Mistura (Fetos, Canna e Marie Gold) |
| 5 | T5 | Controlo |

3.6 Amostragem e análise

A entrada de água nos CWs foi feita manualmente por baldes, através dos quais se permitiu que a quantidade medida de água cinzenta entrasse no sistema. O tempo de retenção hidráulica e a quantidade de água cinzenta despejada na zona húmida foram decididos tendo em conta as perdas incorridas no sistema por evaporação e transpiração. Todas as zonas húmidas instaladas foram aclimatadas durante 15 dias antes de se iniciar qualquer ensaio inicial. Para o presente estudo, foi adotado o tempo de retenção hidráulica de 2 dias (24 horas), 3 dias (72 horas) e 5 dias (120 horas). O ensaio teve início em fevereiro de 2015 e os ensaios decorreram até abril de 2015 para diferentes tempos de retenção. As amostras de água foram recolhidas na entrada e na saída da zona húmida construída para várias análises físico-químicas. Alguns dos ensaios foram interrompidos devido a chuvas inesperadas, pelo que não foram contabilizados na experiência.

3.7 Metodologia analítica

Antes do início da experiência, foram analisados todos os parâmetros físico-químicos necessários das águas residuais, tendo em conta a relevância e os objectivos da experiência. As amostras foram recolhidas e armazenadas em garrafas de plástico herméticas e analisadas imediatamente no laboratório para os parâmetros desejados.

3.7.1 Análise da água

As amostras foram analisadas minuciosamente para verificar a variação do pH, da condutividade eléctrica (CE), do oxigénio dissolvido (OD), dos sólidos dissolvidos totais (SDT), do cloreto, da turvação, da salinidade e da carga de nutrientes, como o nitrato, o fósforo total, o potássio e o sódio, enquanto a carga orgânica, como a carência biológica de oxigénio (CBO) e a carência química de oxigénio (CQO), foi analisada regularmente, de acordo com o método normalizado. Os metais pesados (Cu, Fe, Zn, Pb e Cd), que constituem uma grande preocupação no sistema de tratamento em águas interiores, foram analisados utilizando o espetrofotómetro de absorção atómica.

3.7.1.1 pH

O pH da amostra de água foi medido utilizando um medidor de pH digital com elétrodo de vidro, após padronização.

3.7.1.2 Condutividade eléctrica (CE)

A condutividade eléctrica da amostra de água foi medida utilizando um medidor digital de EC com elétrodo de vidro, após padronização.

3.7.1.3 Carência química de oxigénio (CQO)

A CQO foi medida de acordo com o método descrito no APHA standard method for examination of water and wastewater, (2000)

Reagentes:

i. **Solução padrão de dicromato de potássio (solução de digestão)** - 4,913 g de K2Cr2O7 previamente seco em estufa (103^0 C) durante 2-4 horas pesam exatamente 33,3g de sulfato de mercúrio e dissolvem-se em 1000mL de água destilada.

ii. **Ácido Sulfúrico - Reagente de Sulfato de Prata (Reagente Catalisador)** - 5,5 g de $AgSO_4$ foram dissolvidos em 500 mL de H_2SO_4 concentrado e deixados em repouso durante 24 horas.

iii. **Indicador de ferroína (líquido)**

iv. **Sulfato ferroso de amónio padrão (0,1N)** - dissolveram-se 39,2 g de Fe $(NH_4)_2$ $(SO_4)_2.6H_2O$ em 1000 mL de água destilada.

Procedimento:

Foram recolhidos frascos de DQO com rolha. A amostra completa e um branco com água destilada foram colocados num frasco individual. Foram introduzidos 2,5 ml de amostra no frasco e adicionados 1,5 ml de reagente de dicromato de potássio, que é a solução de digestão, e depois adicionados 3,5 ml de reagente de ácido sulfúrico aos frascos de CQO, que foram bem tapados. O digestor de CQO foi ligado e a temperatura de 150 °C foi regulada para uma duração de 2 horas, após a conclusão do tempo foi automaticamente desligado. Mais tarde, os frascos de CQO foram retirados e deixados a arrefecer à temperatura ambiente. Entretanto, a solução de sulfato ferroso de amónio foi vertida na bureta. O branco e a amostra foram transferidos para um frasco cónico, tendo-se adicionado algumas gotas do indicador Ferroin à amostra e ao branco. A solução tornou-se verde-azulada. A titulação foi feita com sulfato de amónio para todas as amostras e para o branco e o ponto final foi observado como a mudança de cor de verde azulado para vermelho.

Cálculo:

$$COD \ (mg/L) = \frac{(B-A) \times Normality \ of \ Fe(NH_4)_2(SO_4)_2 6H_2O \times 8 \times 1000}{mL \ of \ sample \ taken \ for \ estimation}$$

Onde,

A = titulante necessário para a titulação contra o branco (em mL) B = titulante necessário para a titulação da amostra (em mL)

3.7.1.4 Carência bioquímica de oxigénio (CBO)

A CBO foi medida através da modificação azotada do método iodométrico, tal como descrito na APHA (2000).

Reagentes:

i. **Solução de sulfato manganoso** - 480 g de MnSO4 foram dissolvidos em 1000 mL de água destilada e, em seguida, a solução foi filtrada.

ii. **Ácido sulfúrico concentrado** - Densidade específica: 1. 84

iii. **Reagente alcalino de Iodeto Azida** - O reagente foi preparado dissolvendo 125 g de NaOH e 33,7 g de NaI em 250 mL de água destilada. Dissolveu-se 2,5 g de azida de sódio em 10 mL de água destilada e misturaram-se as duas soluções.

iv. **Indicador de amido** - 2 g de amido foram dissolvidos em 100 mL de água destilada morna.

v. **Solução de Tiossulfato de Sódio (0,025N)** - 6,205 g de Tiossulfato de Sódio foram dissolvidos em água destilada recém-fervida. O volume foi aumentado para 1000 mL. Foi adicionada uma pastilha de hidróxido de sódio como conservante.

vi. **Tampão de fosfato** - 8,5 g de KH_2PO_4, 21,75 g de K_2HPO_4, 33,4 g de $Na_2HPO_4.7H_2O$ e 1,75 g de NH_4 Cl foram dissolvidos em água destilada e o volume foi aumentado para 1000 mL, o pH foi ajustado para 7,6.

vii. **Sulfato de magnésio** - 22,5 g de sulfato de magnésio hepta-hidratado foram dissolvidos em água destilada e o volume foi aumentado para 1000 mL.

viii. **Cloreto de cálcio** - 27,5 g de cloreto de cálcio anidro foram dissolvidos em água destilada para preparar 1000 mL de solução.

ix. **Cloreto férrico** - 0,25 g de cloreto férrico foi dissolvido em água destilada para preparar 1000 mL de solução.

x. **Água de diluição** - Para preparar 1000 mL de água de diluição, 1 mL de cada solução de tampão fosfato, sulfato de magnésio, cloreto de cálcio e cloreto férrico foi adicionado a 100 mL de água destilada e o volume foi aumentado para 1000 mL. A solução final foi areiada durante 30 minutos. O pH foi ajustado para 7,0 utilizando NaOH ou H2SO4 1N.

Procedimento:

A amostra foi diluída com água de diluição de acordo com a gama de CBO prevista. Foram preparadas duas réplicas de garrafas de CBO (300 ml), uma das quais foi utilizada para determinar o teor inicial de oxigénio dissolvido e a outra foi mantida numa incubadora de CBO a 20º C (no escuro) durante 5 dias. O oxigénio dissolvido antes e depois de cinco dias de incubação foi medido utilizando a modificação de azida do método iodométrico.

Modificação do método iodométrico com azida:

Foi adicionado 1 mL de MnSO4 ao frasco de CBO que continha a amostra, seguido da adição de 1 mL de reagente de iodeto alcalino azida. Formou-se um precipitado de cor castanha. Quando o precipitado castanho assentou, foram adicionados 2 mL de H2SO4 concentrado e misturados cuidadosamente até o precipitado estar completamente dissolvido. Titulou-se 203 mL de amostra com solução de Na2S2O3 0,025N. Foram adicionadas algumas gotas de solução de amido e a titulação foi continuada até a cor azul desaparecer.

Cálculo:

$$_{CBO5}(mg/L) = D1-D5 \; X \;_{Df}$$

Onde,

      D1=DO   da amostra diluída imediatamente após a preparação (mg l^{-1}).

      D_s =DO da amostra diluída após 5 dias de incubação a 20^0 C (mg l^{-1}).

      D_f =   Fator de diluição

3.7.1.5 Nitrato:

O nitrato foi estimado pelo método da solução TRI, tal como descrito por Yang et.al. (1998)

Reagentes:

i. **Solução TRI:** 1 g de salicilato de sódio, 0,2 g de cloreto de sódio (NaCl), 0,1 g de sulfamato de amónio (NH4SO3NH2) foram dissolvidos em 100 mL de hidróxido de sódio (NaOH) 0,01 M

ii. Solução de hidróxido de sódio (NaOH) [40% (p/v)]: Dissolveram-se 40 g de NaOH em 100 ml de água destilada.

iii. Ácido sulfúrico concentrado (H2SO4)

Procedimento

1 mL de padrão ou amostra foi colocado num Erlenmeyer de 50 mL. Adicionou-se 0,5 mL de solução TRI e agitou-se bem para misturar completamente. A solução foi evaporada até à secura numa placa quente até não se obter qualquer resíduo e, depois de arrefecer, o resíduo foi humedecido com 1 mL de H2SO4 conc. em agitação contínua e, depois disso, a solução foi deixada em repouso durante 5 minutos. Após arrefecimento, verteu-se 5 mL de água destilada através da parede do frasco e agitou-se para misturar. Adicionou-se 5 mL de NaOH a 40% à mesma solução e anotou-se a absorvância a 410 nm e a concentração foi calculada utilizando a

curva de calibração padrão.

Cálculos

A concentração foi calculada utilizando a curva de calibração padrão.

3.7.1.6 Fosfato

O fosfato foi calculado utilizando o método do ácido ascórbico descrito por Murphy e Riley (1962)

Reagentes:

i. **Ácido sulfúrico (5 N):** 70 ml de ácido sulfúrico concentrado foram adicionados a 500 ml de água destilada.

ii. **Molibdato de amónio:** dissolveu-se 20 g de molibdato de amónio para análise em água destilada e diluiu-se para 500 ml.

iii. Ácido **ascórbico (0,1 M):** 1,32 g de ácido ascórbico foram adicionados a 75 ml de água. Esta solução foi preparada de fresco no dia da análise.

iv. **Tartarato de antimónio e potássio:** Dissolveram se 0,2743 g de tartarato de antimóniol de potássio em água destilada e diluíram-se para 100 ml.

v. **Reagente misto**: 125 ml de ácido sulfúrico 5 N e 37,5 ml de molibdato de amónio, 75 ml de solução de ácido ascórbico e 12,5 ml de solução de tartarato de antimonilo e potássio. Este reagente foi preparado à medida das necessidades, uma vez que não se conserva durante mais de 24 horas.

Procedimento:

Os padrões e os reagentes foram preparados e a absorvância a 822nm foi obtida para as amostras e para o branco, adicionando 2mL de reagente misturado em 10ml de padrão ou amostra.

Cálculos

A concentração foi calculada utilizando a curva de calibração padrão.

3.7.1.7 Potássio

O potássio foi medido utilizando o fotómetro de chama e o método foi descrito por Trivedy e Goel (1984)

Reagentes:

i. **Solução de potássio de reserva: Pesou-se** 1,907 g de KCl que, depois de seco a 110°C e arrefecido em exsicador, foi transferido para um balão volumétrico de 1L e completado com água destilada; 1mL=1,00 mg K

ii. **Solução intermédia de potássio: Diluiu-se** 10 ml de solução-mãe de potássio com água destilada até 100 ml; 1 ml=0,1 mg de K, preparou-se uma curva de calibração na gama de 1 a 10 mg/L

iii. **Solução padrão de potássio: Diluiu-se** 10mL de solução intermédia com água destilada até 100mL, 1mL=10mg de K, preparou-se uma solução padrão de 10, 20, 30, 40, 50 e 100ppm que foi calibrada.

Procedimento:

O instrumento foi calibrado utilizando o potássio padrão e a concentração nas amostras foi lida diretamente no fotómetro de chama.

3.7.1.8 Sódio

O sódio foi medido por fotómetro de chama, tal como descrito por Trivedy e Goel (1984)

Reagentes:

i. **Solução Stock de Sódio: pesou-se** 2,542g de NaCl, depois de seco a 140°C e arrefecido em exsicador, transferiu-se para balão volumétrico de 1L e completou-se 1L com água destilada; (1mL=1,00mg Na)

ii. **Solução intermédia de sódio: Diluiu-se** 10 mL de solução-mãe de sódio com água destilada até 100 mL; 1 mL=0,1 mg de Na, preparou-se uma curva de calibração na gama de 1 a 10 mg/L

iii. **Solução padrão de sódio: Diluiu-se** 10mL de solução intermédia com água destilada até 100mL, 1mL=10mgNa, preparou-se uma solução padrão de 10, 20,30,40,50 e 100ppm que foi calibrada.

Procedimento:

O instrumento foi calibrado utilizando o padrão de sódio e a concentração nas amostras foi lida diretamente no fotómetro de chama.

3.7.1.9 Cloreto

O cloreto foi estimado por titulação argentométrica, tal como descrito no Standard Analytical Method (1999)

Reagentes utilizados

i. Solução indicadora de cromato de potássio - Dissolver 50 gm. K2CrO4 por litro em água destilada. Adicionar a solução de AgNO3 até à formação de um precipitado vermelho definido. Deixar repousar durante uma noite e filtrar.

ii. Titulante padrão de nitrato de prata (0,0141N) - 2,395 gm. AgNO3 por litro em água destilada

iii. Cloreto de sódio padrão (0,0141N) - 824 mg de NaCl por litro em água destilada.

Procedimento

Utilizar um volume de amostra de 10 mL ou uma porção adequada diluída para 100 mL. Titular diretamente as amostras se o pH variar entre 7 e 10. Ajustar o pH da amostra entre 7 e 10 com H2SO4 ou NaOH, se não estiver neste intervalo. Adicionar 1,0 mL de solução indicadora de K2CrO4; titular com o titulante padrão AgNO3 até obter um ponto final amarelo-rosado. Ser constituinte no reconhecimento do ponto final. Padronizar o titulante AgNO3 e estabelecer o valor do branco do reagente através do método de titulação. É habitual um branco de 0,2 a 0,3 ml.

Cálculo:

$$Cl\ (mg/L) = \frac{(A - B) \times N \times 35.45}{mL\ of\ sample\ taken\ for\ estimation}$$

Onde,

N = normalidade do AgNO3

V = ml de AgNO3 titulante

B = Titulação em ml para o branco

3.7.2 Análise da planta

3.7.2.1 Clorofila total

A clorofila foi estimada utilizando um espetrofotómetro UV-vis, tal como descrito por Jeffrey e Humphrey, (1975).

Reagentes:

i. Acetona a 80%

Procedimento:

Foi colhido um grama de folhas frescas e triturado num almofariz com acetona a 80%. Após três extracções com acetona, procedeu se à centrifugação das amostras. A alíquota foi retirada após a centrifugação e o volume foi completado para 100 mL com acetona a 80%. As leituras espectrofotométricas para a absorvância das amostras foram efectuadas a 663nm e 645nm. A clorofila a e a clorofila b são calculadas através da seguinte fórmula

$$\text{Chlorophyll a} = 12.7\ (A_{663}) - 2.69\ (A_{645})\ X\ \frac{V}{1000}\ X\ w)$$

$$\text{Chlorophyll b} = 22.9\ (A_{645}) - 4.68\ (A_{663})\ X\ \frac{V}{1000}\ X\ w)$$

Onde,

A_{645}= Absorvância a 645nm

A_{663}= Absorvância a 663nm

V = volume final da amostra

W = peso da amostra

Clorofila total = Clorofila a + Clorofila b

3.7.2.2 Estimativa da biomassa: Método destrutivo

A biomassa total das plantas foi estimada por método destrutivo, de acordo com os pormenores abaixo indicados. As espécies de plantas foram colhidas. O peso fresco de cada amostra de planta foi medido com a ajuda de uma balança. As amostras foram depois levadas para o laboratório e secas em estufa a 65° C até se obter um peso constante para determinar o teor de humidade. O teor de humidade da amostra seca em estufa foi expresso em percentagem com base no peso seco em estufa e foi calculado pela fórmula dada por Husch *et al.* (1972).

$$M_{cd} = \frac{S_{wf} - S_{wd}}{S_{wf}} \times 100$$

Onde,

M_{cd} = teor de humidade em percentagem do peso seco em estufa

S_{wf} = peso verde/fresco (gm) do disco

S_{wd} = peso seco em estufa (gm) do disco.

O peso seco total da biomassa da planta foi calculado utilizando os valores da percentagem de humidade.

3.7.2.3 Altura da planta e taxa de sobrevivência

A altura das plantas foi medida com uma fita métrica a intervalos de 15 dias. A taxa de sobrevivência das plantas também foi monitorizada regularmente.

4. RESULTADOS E DISCUSSÃO

4.1 Caracterização das águas residuais domésticas

No presente estudo, as amostras de águas residuais domésticas foram analisadas regularmente em diferentes tempos de retenção durante 3 meses, de fevereiro de 2015 a abril de 2015. A variação temporal nas concentrações médias de vários parâmetros físico-químicos das águas residuais é apresentada na Tabela 4.1. Dependendo das características das águas residuais, são discutidos outros resultados relativos à redução dos principais contaminantes, ou seja, CBO, CQO e nitrato, fosfato, potássio e sódio, através de sistemas de zonas húmidas construídas instalados no local de estudo.

O pH médio das águas residuais era de natureza ligeiramente alcalina com uma variação mínima de 7,41-7,81 ao longo do estudo. A Condutividade Eléctrica (CE) variou entre 3,03-4,58 mS cm^{-1} e a concentração média foi detectada no máximo no mês de março de 2015. A temperatura também aumentou de 23^0 C para 28^0 C durante os ensaios devido ao início do verão. Os sólidos dissolvidos totais (TDS) variaram de 158-267,7 mgL^{-1} . A turvação foi de aproximadamente 67 mg/L nos meses de fevereiro e março, mas aumentou para 84 mg L^{-1} no mês de abril. A salinidade foi detectada na gama de 1,51-2,38 mg/L durante o período de estudo e foi máxima no mês de março, provavelmente devido ao aumento da temperatura da água. Resultados semelhantes de pH ligeiramente alcalino das águas residuais foram registados por Zurita *et. al.*(2008) nos seus estudos anteriores.

A carência biológica de oxigénio (CBO) e a carência química de oxigénio (CQO) variaram entre 87-96,25 mg/L e 533-648 mg/L, respetivamente. De todos os principais nutrientes (azoto, fósforo e potássio), o potássio foi o mais elevado, com cerca de 33 mg L^{-1} durante todo o período de estudo, provavelmente devido ao elevado teor de potássio nos vegetais cozinhados na messe. O azoto e o fósforo variaram entre 1,79-2,71 mg/L e 1,94-2,59 mg/L, respetivamente. A concentração de sódio variou entre 230,9-248,5 mg/L e a concentração de cloreto variou entre 188,68-246,57 mg/L nas águas residuais. Al- Hamaiedeh e Bino, 2010, no seu estudo sobre a reutilização de águas cinzentas, encontraram CBO e CQO que variam entre 110-1240 mg/L e 92-2263 mg/L, respetivamente. Foram encontradas gamas de CQO semelhantes em estudos efectuados por Baskar et.al. (2009) sobre águas residuais de cozinha.

S.N.	Parâmetro	fevereiro de 2015	março, 2015	abril, 2015
1	DO (mg/L)	0.163 ±0.08	0.27 ±0.07	0.35 ±0.08
2	pH	7.41 ±0.5	7.85 ±0.08	7.81 ±0.1
3	Condutividade eléctrica (mS/cm)	3.03 ± 1.5	4.575 ±0.31	3.97 ±0.40
4	Temperatura (°C)	23 ± 1.8	27.35 ±0.6	28.47 ±0.3

5	Sólidos totais dissolvidos (TDS) (mg/L)	158 ±27.4	267.7 ± 13.8	245.25 ± 18.3
6	Turbidez (NTU)	66.6 ±20.9	67.5 ±6.8	84.2 ±24.6
7	Salinidade (g/L)	1.51 ±0.7	2.38 ±0.2	2.157±0.2
8	Sódio (mg/L)	231 ± 19.7	242 ± 10.3	248.5 ± 12.1
9	Potássio (mg/L)	33.2 ±0.4	33.7 ± 1.4	32.2 ± 1.1
10	Cloreto (mg/L)	213.2 ⊥69.5	235 ± 7.07	256 ±20.4
11	Nitrato (mg/L)	2.71 ±0.3	1.79 ±0.6	2.48 ±0.3
12	Fosfato (mg/L)	1.94 ±0.5	2.44 ± 0.2	2.59 ±0.04
13	Carência química de oxigénio (CQO) (mg/L)	683 ± 106	744 ± 26.5	736±130
14	Carência biológica de oxigénio (CBO) (mg/L)	87 ±4.2	96 ± 7.2	95.75 ± 1.7
15	Ferro (mg/L)	1.05	1.1	1.15
16	Zinco (mg/L)	0.73	0.69	0.71
17	Cádmio (mg/L)	ND	ND	ND
18	Crómio (mg/L)	nd	nd	nd

Tabela 4.1: Características físico-químicas das águas residuais utilizadas no presente ensaio análise preliminar das águas residuais

Os metais pesados Ferro, Zinco, Cobre, Cádmio e Crómio foram analisados três vezes durante o período de estudo. Dos metais pesados estudados, o cádmio, o cobre e o crómio encontravam-se abaixo do intervalo detetável, ao passo que a concentração aproximada de ferro e zinco era de 1,15 e 0,73, respetivamente, o que era inferior ao intervalo admissível.

4.2 Eficiência de tratamento das espécies vegetais

Verificou-se que as zonas húmidas construídas são eficazes no tratamento da carência biológica de oxigénio (CBO), do azoto (N) e do fósforo (P), bem como na redução de metais, poluentes orgânicos e agentes patogénicos (Karathanasis, *et al.* 2003; Cameron, *et. al.,* 2003). O principal mecanismo de remoção nas zonas húmidas construídas inclui a absorção pelas plantas, bem como processos físico-químicos como a sedimentação, a adsorção e a precipitação no sedimento de água, no sedimento de raízes e nas interfaces planta-água (Reddy e De-Busk, 1987). No presente estudo, foi estudado o desempenho do tratamento de várias espécies em vários tempos de retenção hidráulica (HRT). O desempenho foi verificado em 2 dias (48 horas), 3 dias (72 horas) e 5 dias (120 horas) de tempo de retenção.

Tabela 4.2. Redução mensal de CBO (mg l^{-1}) nas zonas húmidas construídas durante o período de

estudo

Carência biológica de oxigénio (CBO) (mg l-1)						
	Influente	Efluente (% de remoção)				
Meses		T1	T2	T3	T4	T5
fevereiro, 2015	87 ±4.24	53±6.1 (39)	34 ±21 (61)	64±10 (26)	44±15.7 (49)	62±7.07 (29)
março, 2015	96 ± 7.2	46 ± 27 (53)	31 ± 25 (68)	57 ± 19 (41)	48 ± 13 (51)	50 ± 23 (49)
abril, 2015	96 ± 1.78	30 ± 10 (68)	22 ± 3 (77)	-	34 ± 3.5 (64)	61 ± 3.6 (36)
Percentagem média de redução		53	69	34	55	41

Dos cinco tratamentos, a melhor remoção de CBO foi observada em T2 (espécie Canna), em que a remoção foi de 61%, enquanto a menor remoção de aproximadamente 26% foi encontrada em T3 (espécie Marie Gold) no mês de fevereiro de 2015 mencionada na Tabela 4.2. Mas como o crescimento da planta e a produtividade aumentaram com o tempo, a remoção de DBO foi encontrada para ser maior de T2 aproximadamente 68% seguido por T1 (espécies de Fern) 53% no mês de março de 2015. Resultados semelhantes foram encontrados no mês de abril de 2015, quando a eficiência de remoção de CBO aumentou para 77% em T2 e foi de aproximadamente 68% e 64% em T1 e T4, respetivamente. A eficiência do tratamento T5, ou seja, a parcela de controlo sem espécies plantadas, apresentou uma eficiência de remoção mínima durante todo o período de estudo, provavelmente devido à absorção de matéria orgânica e ao menor crescimento de micróbios na ausência de plantas. O ensaio com a espécie Marie Gold, T3, apresentou bons resultados nos primeiros dois meses de ensaio, quando a percentagem de remoção aumentou de 26% para 41%, mas não conseguiu sobreviver em abril de 2015, provavelmente devido às condições de alagamento após chuvas inesperadas e à não colheita do excesso de floração que foi produzido nas plantas. O potencial médio de redução de CBO no estudo global foi mais elevado no T2 plantado com espécies de Canna. Resultados semelhantes foram demonstrados por Huang e Liu, 2010, nos seus estudos realizados com várias espécies e zonas húmidas construídas de controlo. Relataram uma elevada eficiência de remoção de poluentes de Canna *generalis* (80%) em comparação com Typha, Juncus e zonas húmidas de controlo sem plantas. A principal razão para a diminuição da matéria orgânica é atribuída à degradação microbiana (Greenway e Woolley, 1999; Vymazal, 2002).

Tabela 4.3 Reduções mensais de CQO (mg l^{-1}) nas zonas húmidas construídas durante o período de estudo

Carência química de oxigénio (CQO) (mg l-1)						
	Influente	**Efluente (% de remoção)**				
Meses		**T1**	**T2**	**T3**	**T4**	**T5**
fevereiro, 2015	**683 ±106**	523 ± 15 (23)	480 ± 78 (30)	555 ± 15 (19)	523 ± 40 (23)	597 ± 99 (13)
março, 2015	**744 ± 83**	558 ± 39 (25)	496 ± 73 (33)	560 ± 66 (25)	560 ± 48 (25)	568 ± 27 (24)
abril, 2015	**736 ±130**	512 ± 39 (30)	448 ± 68 (39)	-	494± 14 (33)	616 ± 42 (16)
Média Redução %		26	34	22	27	18

A remoção da Demanda Química de Oxigénio (DQO) também foi mais elevada no tratamento T2 com espécies de Canna, onde a eficiência do tratamento aumentou de 30% para 33% e atingiu 39% no final da experiência em abril de 2015. Os fetos também deram bons resultados no T1, onde a remoção média de DQO foi de 26% durante o estudo. O desempenho do T4 (misto) também foi notório, tendo aumentado de 23% para 33% de fevereiro de 2015 a abril de 2015. A menor remoção foi observada na zona húmida de controlo sem espécies de plantas. A eficiência média do tratamento foi mais elevada para T2 (34%), seguida de T4 e T3 e a menor foi observada para T5. Para além do leito de cascalho, o sistema radicular das plantas também serve como um excelente substrato para a fixação e desenvolvimento de microcosmos microbianos. A rizosfera rica em oxigénio ajuda ainda mais os microrganismos a degradar os contaminantes orgânicos presentes nas águas residuais. A diminuição significativa da DBO e da DQO pode também dever-se à filtração de sólidos suspensos e de partículas pelo extenso sistema radicular, bem como à absorção de nutrientes dissolvidos (Wathugalaet *al.*, 1987; Tanner, 1996; Sooknah e Wilkie, 2004). Haunget *al.*2000, relatou uma redução de 79% e 87% de CBO e CQO em zonas húmidas construídas plantadas com espécies de Canna num período de retenção de três dias.

Os processos de remoção de nutrientes em zonas húmidas construídas incluem conversão microbiana, decomposição, absorção de plantas, sedimentação, volatilização e reacções de adsorção-fixação (Tchobanoglous, 1993; Feiet. *al.*,2005). Ao longo do período de estudo, a remoção de nitrato foi encontrada no máximo em T1 (espécies de samambaia) aproximadamente 72% com sua remoção máxima de nitrogênio no mês de abril de 2015, seguido por T2, ou seja, espécies de Canna que mostraram remoção máxima de 73% em abril de 2015. T3 no seu período de sobrevivência previu um resultado notável na eficiência de remoção. A zona húmida de controlo mostrou uma eficiência de remoção de nitrato flutuante no estudo, mas teve uma remoção média de 44%, que foi a menor entre todas as zonas húmidas. A eficiência de remoção das espécies mistas aumentou no mês de março de 2015, mas consequentemente diminuiu no mês de abril de 2015, provavelmente devido à mortalidade das plantas Marie Gold na zona húmida mista.

Tabela 4.4 Redução mensal de nitrato (mg l^{-1}) nas zonas húmidas construídas durante o período de estudo

Nitrato (mg l-l)						
	Influente	Efluente (% de remoção)				
Meses		T1	T2	T3	T4	T5
fevereiro, 2015	2.71 ± 0.3	0.94 ± 0.9 (65)	1.34 ±0.7 (51)	1.25 ±0.5 (17)	1.59 ±0.6 (41)	0.91 ±0.6 (66)
março, 2015	1.79 ± 0.6	0.57 ± 0.1 (68)	0.60 ±0.2 (66)	0.94± 0.4 (47)	0.68 ± 0.1 (63)	1.53± 0.4 (14)
abril, 2015	2.48 ± 0.3	0.40 ± 0.3 (84)	0.66 ±0.3 (73)	-	1.33 ±0.3 (46)	1.17 ±0.5 (53)
Percentagem média de redução		72	63	32	50	44

Tabela 4.5 Redução mensal de fosfato (mg l^{-1}) nas zonas húmidas construídas durante o período de estudo

Fosfato (mg l)$^{-1}$						
	Influente	Efluente (% de remoção)				
Meses		T1	T2	T3	T4	T5
fevereiro, 2015	1.94 ±0.5	1.70 ± 0.2 (12)	1.33 ± 0.2 (31)	1.27 ±0.2 (34)	1.41 ±0.3 (27)	1.81±0.6 (7)
março, 2015	2.44 ±0.2	1.83 ± 0.19 (25)	1.33 ±0.1 (45)	1.03 ±0.4 (58)	1.27 ±0.8 (48)	2.12±0.3 (48)
abril, 2015	2.59 ±0.04	1.17 ± 0.18 (55)	1.03 ±0.19 (58)	-	1.07 ±0.2 (59)	1.56±0.2 (40)
Percentagem média de redução		31	45	46	45	32

Tabela 4.6 Redução mensal de potássio (mg l^{-1}) nas zonas húmidas construídas durante o período de estudo

Potássio (mg l-l)						
	Influente	Efluente (% de remoção)				
Meses		T1	T2	T3	T4	T5
fevereiro, 2015	33.2± 0.4	30.4 ±0.5 (8)	30.7 ±0.7 (8)	28.5 ±2 (14)	30.1 ±0.2 (19)	31.7 ±2.2 (5)

março, 2015	33.7 ±1.4	29.9 ±2.4 (11)	30.5 ±0.9 (10)	29.8 ±2.7 (12)	29.8 ±0.9 (12)	32.8 ±1.8 (3)
abril, 2015	32.2 ±1.1	26.9 ±1.2 (16)	25.4 ±1.6 (21)	-	27 ±2.6 (16)	38.8 ±2.6 (11)
Redução média %		12	13	13	16	6

A percentagem média de remoção de fósforo foi encontrada semelhante para as zonas húmidas T2, T3 e T4 com uma remoção média de 45%. A remoção máxima foi observada em 58% e 59% para as zonas húmidas T2 e T4, respetivamente, no mês de abril de 2015. O T3 teve um melhor desempenho na remoção de fósforo e mostrou um aumento na eficiência de remoção de 34% para 58% de fevereiro a abril de 2015, mas não conseguiu sobreviver mais tarde. A baixa eficiência do T5 deve-se provavelmente à ausência de qualquer espécie de planta que necessite de fósforo para o seu crescimento. O entupimento também pode ser uma razão provável para a diminuição da remoção de fósforo pela zona húmida de controlo.

Para o potássio, a eficiência de remoção percentual das cinco zonas húmidas construídas foi menor em comparação com outros contaminantes. Variou de 3-19% em diferentes zonas húmidas instaladas durante o período de estudo de fevereiro a abril de 2015. T4 (Espécies mistas) foi considerado o mais eficiente na remoção de potássio, provavelmente devido à presença de diferentes espécies e à ingestão variável de nutrientes por elas. Inicialmente, no mês de fevereiro, a percentagem de remoção de potássio por T2 foi menor, mas no final do ensaio a percentagem aumentou até 21%, que foi o máximo em todo o estudo. No mês de fevereiro, o T3 (espécie Marie Gold) apresentou uma percentagem de remoção de 14%, que foi de 8% para o T2. Para a remoção de potássio, cada zona húmida construída mostrou um aumento apreciável, incluindo a zona húmida de controlo apenas com cascalho. O intervalo médio de remoção de potássio pelas zonas húmidas foi de 6-16% durante o período de estudo.

Os três principais mecanismos responsáveis pela remoção de azoto em zonas húmidas construídas são a nitrificação e a desnitrificação bacterianas, a absorção pelas plantas e a volatização do amoníaco (Ramasamyet al., 1999). Destes, a nitrificação/desnitrificação bacteriana tem a influencia mais dominante na remoção do azoto (Weisneret al., 1994). Foi referido que em zonas húmidas construídas, 16-48% do fósforo das águas residuais é retido pelas plantas (Kadlecet al., 1995). A remoção de potássio não é muito referida na literatura através do sistema de zonas húmidas, pelo que o seu mecanismo pode ser compreendido por outros sistemas de tratamento semelhantes.

Tabela 4.7 Redução mensal de sódio (mg l^{-1}) nas zonas húmidas construídas durante o período de estudo

Sódio (mg l-l)						
	Influente	**Efluente (% de remoção)**				
Meses		**T1**	**T2**	**T3**	**T4**	**T5**
fevereiro, 2015	231 ±19.7	216 ±13.3 (9)	201± 15.1 (19)	214 ± 6.5 (7)	215 ± 12.7 (7)	225 ± 13.7 (2)
março, 2015	242 ±10.3	219 ± 19.1 (10)	211 ± 15.7 (13)	214 ± 8.3 (12)	217 ± 4.6 (10)	221 ± 2.7 (8)
abril, 2015	248 ±12.6	210 ±13.2 (17)	207 ± 8.5 (17)	-	215.1 ± 12.4 (13)	242 ± 16.8 (3)
Média Redução %		12	16	10	10	9

Tabela 4.8 Redução mensal de potássio (mg l^{-1}) nas zonas húmidas construídas durante o período de estudo

Cloreto (mg l)-l						
	Influente	**Efluente (% de remoção)**				
Meses		**T1**	**T2**	**T3**	**T4**	**T5**
fevereiro, 2015	213±69.5	181±63.5 (15)	191±43.2 (10)	192 ±40 (10)	192 ±65.4 (10)	203 ±40 (5)
março, 2015	235±17	171 ±36.1 (27)	184±19.4 (22)	135±32 (43)	176 ±39.7 (25)	192 ±26 (18)
abril, 2015	256±20.4	157 ± 38.1 (39)	159 ±38.7 (38)	-	140 ±16.5 (45)	201 ± 27 (21)
Média Redução %		27	23	27	27	15

Entre todos os tratamentos, a eficiência média de remoção de sódio foi máxima em T2 (espécie Canna), aproximadamente 16%, seguida de T1 (espécie Ferns), 12%. O tratamento menos eficaz foi observado no T5 (Controlo). A eficiência do tratamento variou entre 9 e 16% numa base média durante o estudo. A maior foi observada em T2 e a menor em T5. À medida que o crescimento e a produtividade das plantas aumentam, a eficiência do tratamento também aumenta e resultados semelhantes foram observados na maioria dos parâmetros. T1, T3 e T4 apresentaram uma percentagem média de remoção semelhante de 27%. T2 apresentou uma redução média de 23%. A menor remoção foi observada em T5, ou seja, na zona húmida de controlo. A percentagem global de remoção de cloreto foi menor em todas as 5 zonas húmidas. A redução mais eficiente foi registada por T4 no mês de abril de 2015. A remoção de sódio e cloreto não é muito relatada na literatura do sistema de zonas húmidas.

Os resultados acima referidos indicaram uma remoção significativa de substâncias orgânicas e nutrientes das águas residuais através do sistema de zonas húmidas construídas. De todas as zonas húmidas, a remoção mais eficiente foi observada em T2 (Canna), seguida de T1 (Feto) e T4 (mista). Os resultados de T3 (Marie Gold) foram apreciáveis, mas devido à mortalidade súbita, os resultados não podem ser culminados.

4.3 Eficiência de remoção de poluentes em diferentes tempos de retenção hidráulica

O presente estudo, além de encontrar as espécies de zonas húmidas mais adequadas para o tratamento de águas residuais, também tentou descobrir o tempo de retenção eficaz que seria necessário para o tratamento. O desempenho de várias espécies em vários tempos de retenção hidráulica foi estudado durante o estudo. O desempenho foi verificado a 2 dias (48 horas), 3 dias (72 horas) e 5 dias (120 horas) de tempo de retenção. De todos os tempos de retenção hidráulica, foi determinada a espécie eficiente com a maior eficiência de remoção num determinado tempo de retenção.

Com um tempo de retenção de dois dias, a remoção da Carência Biológica de Oxigénio (CBO) e da Carência Química de Oxigénio (CQO) foi máxima para a espécie Canna na zona húmida construída T2, seguida da espécie Fern em T1 para a remoção da CBO e da espécie Marie Gold em T3 para a remoção da CBO. Por conseguinte, para a remoção de substâncias orgânicas das águas residuais, a espécie Canna pode ser recomendada como a melhor espécie a plantar na zona húmida para o tempo de retenção hidráulica de 2 dias, o que também pode contribuir para a beleza estética. Os fetos, em geral, sobrevivem à sombra, mas no presente estudo mostraram uma elevada sobrevivência em zonas húmidas sob irrigação com águas residuais e tiveram um desempenho apreciável na remoção de substâncias orgânicas presentes nas águas residuais. Resultados semelhantes foram encontrados na remoção de nutrientes, que também foi mais elevada nas espécies de Canna plantadas em zonas húmidas construídas em T2, seguidas de Feto e Marie Gold. Assim, para a remoção de nutrientes das águas residuais, o Canna pode ser recomendado para ser plantado para fins de tratamento. O cloreto foi removido ao máximo pelo Canna seguido pelo Feto, no entanto a remoção de sódio foi menor na zona húmida e foi comparativamente maior para as espécies de Feto.

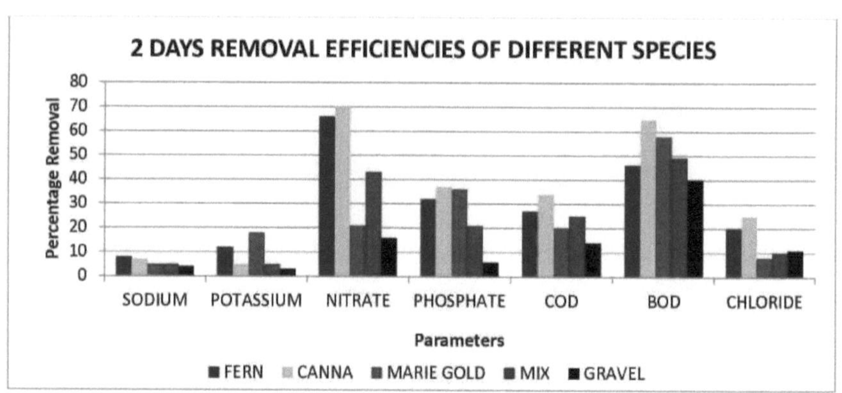

Figura 4.1 Desempenho do tratamento com Tempo de Retenção Hidráulica (TRH) - 2 dias

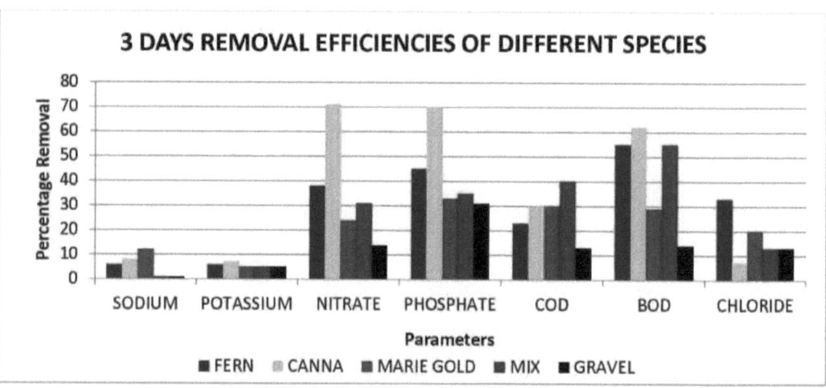

Figura 4.2 Desempenho do tratamento com Tempo de Retenção Hidráulica (TRH) - 3 dias

No período de retenção de 3 dias, a carga orgânica, tal como a carência biológica de oxigénio e a carência química de oxigénio, apresenta resultados diferentes em comparação com o período de retenção de 2 dias. A DQO foi reduzida pelas espécies mistas plantadas na zona húmida construída T3, seguidas da Canna e da Marie Gold. Assim, para a redução da DQO apenas das águas residuais, as espécies mistas de Canna, Marie Gold e Feto podem ser recomendadas para a zona húmida construída com um período de retenção de 3 dias. A CBO foi eficazmente removida por Canna, seguida de igual redução por Feto e espécies mistas. Assim, as três espécies podem ser sugeridas para as zonas húmidas construídas para a redução de CBO. Resultados semelhantes foram encontrados no caso da remoção de nutrientes para um tempo de retenção de 2 dias. Para a remoção de cloreto, a T1 apresentou uma maior eficiência de remoção em 2 dias, seguida da Marie Gold que, apesar de ter sido danificada no mês de abril, apresentou resultados competentes. Ao contrário dos 2 dias, a remoção de sódio foi máxima na espécie Marie Gold, seguida da Canna. As melhores espécies para a retenção hidráulica de 3 dias são as espécies Canna e Mixed.

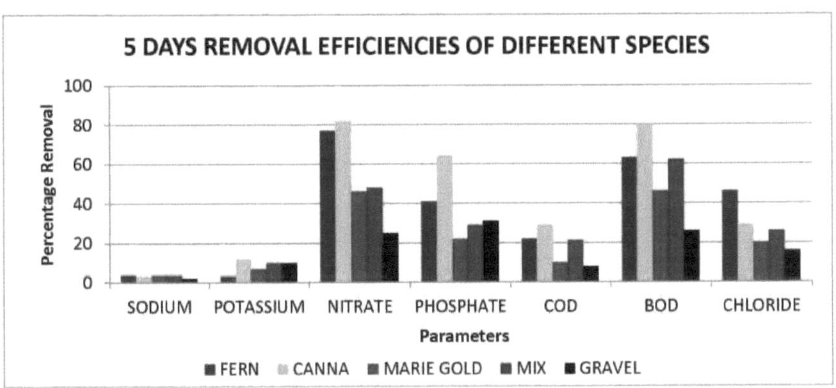

Figura 4.3 Desempenho do tratamento com Tempo de Retenção Hidráulica (TRH) - 5 dias

No período de retenção de 5 dias, as cargas orgânicas foram eficientemente removidas pelas espécies Canna, seguidas de igual remoção por Marie Gold e Fern. A remoção de nutrientes foi eficiente e igualmente removida por Canna e Feto. Mas o potássio foi reduzido ao máximo pela espécie Canna, seguida da Marie Gold e com uma percentagem de remoção muito menor pelas outras espécies. Relativamente à remoção de cloreto, verificou-se que o feto reduziu o máximo seguido da espécie Canna. O sódio foi igualmente reduzido por todas as zonas húmidas construídas, com exceção de uma menor redução pela zona húmida de controlo.

Tempo de retenção eficiente para as espécies de zonas húmidas com melhor desempenho
De todos os tratamentos, o desempenho das espécies Canna e Feto foi considerado o mais eficiente na remoção de poluentes. A secção discute o desempenho da Canna (T2) e do Feto (T1) em vários tempos de retenção para alguns dos principais poluentes.

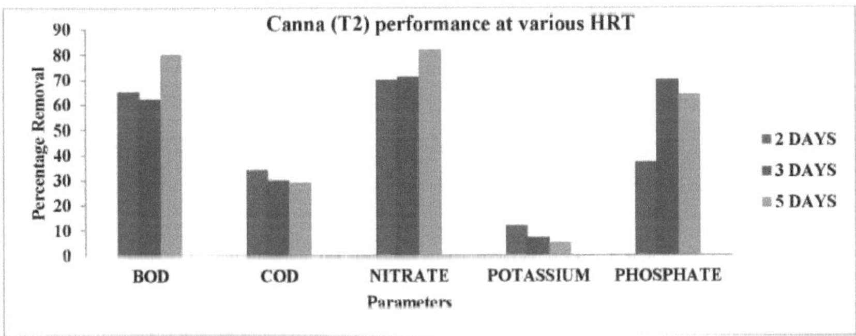

Figura 4.4 Desempenho do tratamento do Canna (T2) em várias HRT no ensaio

A Canna (T2) teve a capacidade máxima de remoção da carga poluente no presente estudo. A remoção orgânica, ou seja, a remoção de CBO e CQO, foi eficiente mesmo com um tempo de retenção de 2 dias, mas pode obter uma remoção elevada de CBO se as águas residuais permanecerem muito tempo na zona húmida, provavelmente devido à elevada interação microbiana. A remoção de nutrientes, principalmente azoto e fósforo, foi apreciável com um tempo de retenção de 3 e 5 dias. Por conseguinte, a condição óptima para um melhor desempenho do canna pode ser um tempo de retenção de 5 dias.

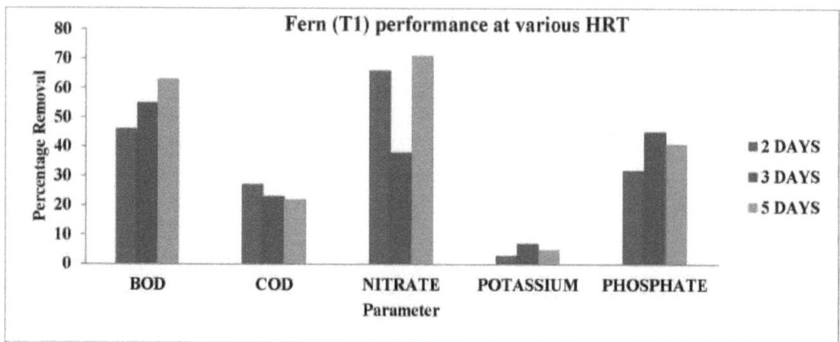

Figura 4.5 Desempenho do tratamento do feto (T1) em várias HRT no ensaio

Por outro lado, o feto (T1) apresentou uma remoção orgânica mais elevada no tempo de retenção de 5 dias para a CBO e uma remoção quase idêntica em todos os tempos de retenção. A remoção de nitratos e fósforo também se revelou eficaz aos 5 dias de retenção. Assim, os resultados abrangem um tempo de retenção mais elevado de 3-5 dias para um maior tempo de contacto e ação microbiana para uma maior eficiência de tratamento das zonas húmidas. Sim Cheng Hua, 2003, apresentou resultados semelhantes de elevada remoção de N e P com um tempo de retenção de 5 dias ou mais e referiu que tempos de retenção mais curtos não proporcionam tempo suficiente para que ocorra a degradação dos poluentes.

4.4 Remoção de metais pesados por zonas húmidas construídas

Os principais metais pesados (Cu, Fe, Zn, Pb e Cd) foram analisados no presente estudo, uma vez que são motivo de grande preocupação na descarga de águas residuais interiores. Os metais foram analisados através de um espetrofotómetro de absorção atómica, tendo sido analisados três vezes durante o período de estudo e mostrando variações na sua concentração. O crómio, o cádmio e o cobre foram encontrados em quantidades insignificantes e não eram detectáveis. Foi encontrada uma baixa concentração de ferro e zinco nas amostras de águas residuais, pelo que foi verificada a sua eficiência de remoção pelas zonas húmidas.

Tabela 4.9 Percentagem de remoção de zinco por CWS instalada no ensaio

Meses	Percentagem de remoção				
	T1	T2	T3	T4	T5
fevereiro, 2015	64	66	62	55	10
março de 2015	52	55	51	42	19

abril de 2015	58	60	-	41	19
Média	**58**	**60**	**57**	**46**	**16**

A presença de zinco nas águas residuais deveu-se provavelmente à utilização de líquidos para lavagem das mãos e sabonetes na desarrumação. No mês de fevereiro de 2015, a percentagem máxima de remoção foi encontrada na espécie Canna, seguida das espécies Fern e Marie Gold, enquanto que no mês de março de 2015 a eficiência de remoção em algumas espécies diminuiu, exceto a da Canna. Em abril de 2015, o desempenho mais elevado foi observado em T2 (espécie Canna). Todas as espécies individuais na zona húmida e as espécies mistas mostraram uma diminuição efectiva na concentração de zinco. Marie Gold, que foi destruída no final de março de 2015, mostrou resultados activos mesmo nos dois meses iniciais. A zona húmida de controlo mostrou menor eficiência na remoção de zinco devido à ausência de espécies vegetais. Foi relatado que altas taxas de absorção e retenção de Cd, Cr, Cu, Ni e Zn foram observadas por *Azolla Filiculoides*, subespécie de samambaia (Selaet. *al.*, 1988).

Tabela 4.10 Percentagem de remoção de ferro por CWS instalada no ensaio

Meses	Percentagem de remoção				
	T1	T2	T3	T4	T5
fevereiro, 2015	77	72	62	78	26
março, 2015	61	72	73	64	51
abril, 2015	72	54	-	70	44
Média	**70**	**66**	**68**	**71**	**40**

A razão provável para a presença de ferro nas águas residuais é a utilização de utensílios de ferro na messe. No mês de fevereiro de 2015, a percentagem máxima de remoção foi encontrada em espécies mistas, seguidas de fetos e canas. Já em março de 2015, a remoção máxima de ferro foi observada na espécie Marie Gold. A eficiência do tratamento das espécies diminuiu no mês de abril de 2015, provavelmente devido à capacidade limitada das espécies para acumular ferro. Mas a remoção média global da percentagem de ferro foi máxima em T4 (espécies mistas). A zona húmida construída de controlo mostrou menor eficiência na remoção de ferro devido à ausência de espécies vegetais para acumulação de metais pesados.

4.5 Desempenho das espécies na CWS

4.5.1 Teor de clorofila em espécies plantadas em CWS

Foi referido que a cor das folhas pode indicar a quantidade e a proporção de clorofila nas folhas que, por sua vez, está estreitamente relacionada com o estado dos nutrientes das plantas. Assim, a clorofila pode ser utilizada como um indicador da produtividade das plantas. A análise do teor de clorofila foi efectuada no final do ensaio para estudar o impacto das águas residuais na saúde das plantas.

Quadro 4.11 Clorofila na folhagem das plantas plantadas em CWS no âmbito do ensaio

Teor de clorofila (mg gm_{-1})					
T1	**T2**	**T3**	**Misto**		
			T1	**T2**	**T3**
2.73	2.21	1.93	2.78	2.3	1.27

As espécies plantadas em zonas húmidas construídas mostraram variabilidade no conteúdo de clorofila. Todas as espécies apresentaram uma leitura elevada de clorofila, o que não indica qualquer stress nas plantas devido à irrigação com águas residuais. De todas as espécies, a Canna apresentou um máximo de 2,7 mg/g de teor de clorofila e, em seguida, o feto e o mínimo foi encontrado na Marie Gold. Os valores elevados de clorofila da Canna e dos Fetos podem ser correlacionados com a sua elevada absorção de nutrientes e matéria orgânica das águas residuais. As espécies Marie Gold estavam a mostrar mortalidade na altura da colheita e, por isso, não puderam dar valores adequados de clorofila. As espécies mistas de plantas das zonas húmidas construídas também tinham um bom teor de clorofila, das quais a Marie Gold tinha o menor teor de clorofila, provavelmente devido à competição entre as espécies pelos nutrientes.

Quadro 4.12 Biomassa verde total das plantas plantadas em CWS no âmbito do ensaio

S.N.	Espécies		Biomassa verde inicial (gm)	Biomassa verde final (gm)	Aumento da biomassa (gm)
1	Feto		34	105	71
2	Canna		40	97	57
3	Marie Gold		45	93	48
4	Misto	Canna	32	98	66
		Feto	35	90	55
		Marie Gold	40	91	51

A estimativa da biomassa foi efectuada na fase inicial e depois na última fase do ensaio para todas as espécies plantadas. O canna apresentou um aumento máximo de 71 g/mostra de biomassa, seguido do feto e do ouro Maria, que apresentaram um aumento de 57 g e 48 g, respetivamente. O aumento da biomassa, da clorofila e da altura da canna pode ser correlacionado com a maior eficiência do tratamento. Na mistura, devido à competição entre espécies, houve um menor aumento da biomassa de cada espécie presente na zona húmida construída.

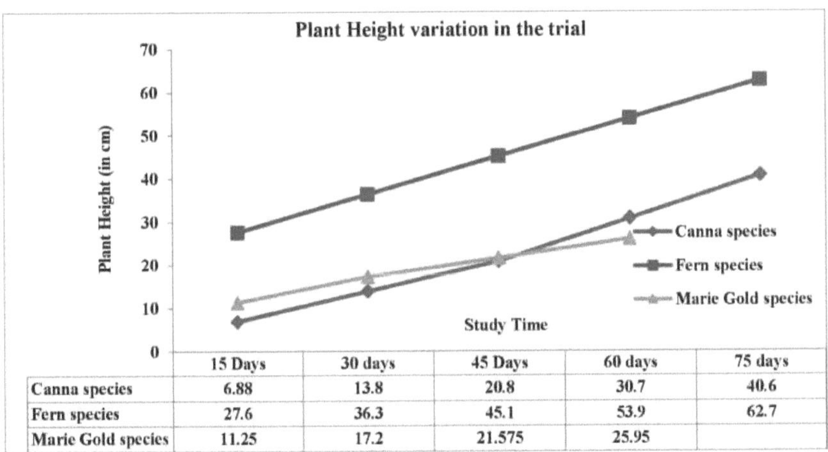

	15 Days	30 days	45 Days	60 days	75 days
Canna species	6.88	13.8	20.8	30.7	40.6
Fern species	27.6	36.3	45.1	53.9	62.7
Marie Gold species	11.25	17.2	21.575	25.95	

Figura 4.6 Variação da altura das plantas das espécies plantadas em CWS no âmbito do ensaio

A altura da planta e a biomassa são consideradas como indicadores do crescimento da planta. No presente ensaio, as espécies Canna e feto apresentaram um aumento máximo na altura média das plantas após um intervalo de 3 meses. A altura média da Canna aumentou de 7 cm para 40 cm, enquanto que a da espécie de feto aumentou de 27 para 623 cm. A Marie Gold também estava a mostrar um bom crescimento mas não conseguiu sobreviver até ao fim da experiência. A tendência de aumento da altura da Canna e do feto mostra o seu crescimento e produtividade. De todas as espécies, a altura da Canna foi a que mais aumentou e depois a do feto, o que pode ser correlacionado com a sua elevada absorção de nutrientes e, por conseguinte, com a eficiência do tratamento. Nas zonas húmidas construídas mistas, a altura das espécies foi, em média, inferior à encontrada nas zonas húmidas de espécies individuais.

Quadro 4.13 Taxa de sobrevivência das plantas em CWS no ensaio

Espécies		fevereiro, 2015	março, 2015	abril, 2015
Feto		20	18	16
Canna		20	20	20
Marie Gold		20	18	2
Misto	Canna	8	8	8
	Feto	5	4	4
	Marie Gold	7	6	3

A taxa de sobrevivência foi observada todos os meses para as espécies da zona húmida construída e verificou-se que no início do ensaio, no mês de fevereiro de 2015, a taxa de sobrevivência foi de

100% e, mais tarde, no mês de março de 2015, a percentagem de sobrevivência da Canna foi a mesma, mas a do feto e da Marie gold diminuiu e, no último mês do ensaio, a taxa de sobrevivência da Marie Gold foi a menor de todas as outras espécies. A sobrevivência foi semelhante na zona húmida mista T4, de tal forma que apenas algumas espécies foram destruídas por fetos e Marie Gold e todas as espécies de Canna sobreviveram bem. A elevada sobrevivência do canna e do feto indica a sua boa adaptabilidade à irrigação com águas residuais.

5. RESUMO E ÂMBITO FUTURO

O tratamento das águas residuais através de estações de tratamento de águas residuais convencionais é dispendioso, tanto na fase de construção como na fase de funcionamento. O transporte e o manuseamento das águas residuais também aumentam o custo do tratamento. Tendo em conta este facto, foram concebidos métodos alternativos que podem proporcionar um tratamento descentralizado e económico das águas residuais. As zonas húmidas construídas são um desses sistemas, que são especificamente concebidos e construídos para o tratamento de águas residuais através da conjugação natural de plantas, animais, microrganismos e factores ambientais abióticos para o tratamento de águas residuais. Estas zonas provaram ser uma tecnologia ideal para pequenas comunidades rurais, grupos de casas, universidades e outras comunidades e campus residenciais. As águas residuais domésticas podem ser vistas como um recurso, a água que contém nutrientes para as plantas (azoto, fósforo e potássio) pode ser utilizada para um maior crescimento das plantas. O principal objetivo do presente estudo foi desenvolver um sistema de tratamento de águas residuais com espécies vegetais eficientes e estudar a eficiência de remoção destas espécies para a carga físico-química de poluentes presentes nas águas cinzentas descarregadas da messe de um campus universitário.

Caracterização das águas residuais

As águas residuais utilizadas no presente estudo eram puramente águas cinzentas provenientes da messe de albergues da universidade. O estudo foi efectuado de fevereiro de 2015 a abril de 2015, perto da messe dos albergues Rama Bai Ambedkar e Savitri Bai Fulle, no campus da universidade. As águas residuais contêm uma grande quantidade de nutrientes, materiais orgânicos e alguns metais pesados. O pH das águas residuais era alcalino, variando entre 7,41 e 7,85, e a condutividade eléctrica variava entre 3,03 e 4,57 mS/cm. Os sólidos dissolvidos totais (TDS) variaram em média entre 158-267,7 mgl⁻¹. A turbidez e a salinidade médias foram de 66,7 mgl⁻¹ e 2,06 mgl⁻¹ respetivamente durante o período de estudo.

A Carência Biológica de Oxigénio (CBO) e a Carência Química de Oxigénio (CQO) variaram entre 87-96,75 mgl⁻¹ e 683 - 744 mgl⁻¹, respetivamente. De todos os nutrientes principais de Nitrato, Fosfato e Potássio, o Potássio foi o mais elevado, variando entre 32,233,7 mg/L e o Nitrato e o Fosfato entre 1,79-2,71 mgl⁻¹ e 1,94-2,59 mgl⁻¹ respetivamente. A concentração de sódio e cloreto variou entre 230,9-248,5 mgl⁻¹ e 213,2-256 mgl⁻¹, respetivamente.

Os metais pesados analisados três vezes durante o período de estudo mostram uma ligeira variação na sua concentração. Foram analisados metais pesados como o crómio, o cádmio, o cobre, o ferro e o zinco, mas apenas foi encontrada uma concentração mínima de ferro e zinco e todos os restantes metais pesados estavam abaixo do intervalo detetável.

Desempenho do tratamento de águas residuais de uma zona húmida construída

A zona húmida construída concebida para o tratamento de águas residuais no presente estudo foi plantada com *Canna Indica* (Canna), *Nephrolepis exaltata* (Fetos), *Tagetespatula* (Marie Gold) com diferentes tempos de retenção hidráulica (HRT) de 2 dias (48 horas), 3 dias (72 horas) e 5 dias (120 horas). A remoção de CBO foi maior em T2 com uma redução máxima de poluentes de 77% em abril de 2015 do período de estudo. O sistema não teve um bom desempenho para a remoção de CQO, que variou de 19-39% e foi encontrado no máximo em T2 com redução de poluentes de 39% no mês de abril de 2015. O desempenho do sistema foi muito alto para o nitrato, que variou de 21% a 71% e que foi encontrado no máximo para T1 aproximadamente 84% no mês de abril de 2015. A remoção de fósforo foi notada para ser óptima na zona húmida construída entre 31% a 45% e foi observado máximo de 59% para T3 (espécies mistas). A remoção de potássio variou de 6 a 16%. A eficiência da remoção de sódio e cloreto variou de 6-16% e 15-27%, respetivamente. A zona húmida construída com espécies vegetais teve um melhor desempenho no mês de abril de 2015, provavelmente devido ao crescimento das plantas, bem como à elevada atividade microbiana no sistema.

Desempenho da fábrica no estudo

Todas as plantas tiveram um bom desempenho e sobreviveram bem e não mostraram qualquer sintoma visual de stress, exceto a Marie Gold que se danificou subitamente em abril de 2015. A Canna e a Fern apresentaram maior altura de planta, clorofila e biomassa colhível no final da experiência, o que pode estar relacionado com a sua elevada capacidade de absorção de nutrientes e de matéria orgânica e, por conseguinte, com uma eficiência apreciável do tratamento.

Espécies mais adequadas para zonas húmidas construídas

De todas as espécies utilizadas no ensaio, a Canna e o Feto apresentaram a melhor eficiência de tratamento em todos os Tempos de Retenção Hidráulica (TRH). O desempenho ótimo foi observado em TRHs mais elevados, de 3 e 5 dias, provavelmente devido ao elevado tempo de contacto e à degradação microbiana. Ambas as espécies podem ser recomendadas para estudo e utilização futuros devido à sua maior eficiência de tratamento, adaptabilidade, utilização estética e comercial.

ÂMBITO DE APLICAÇÃO FUTURA

O facto de o estudo ter sido efectuado em condições ambientais abertas conferiu muita experiência prática, bem como limitações. O estudo lidou com um dos principais problemas ambientais de escassez de água, procurando assim uma solução realista para o tratamento e reutilização de águas residuais. As zonas húmidas construídas para o tratamento de águas residuais no âmbito dos ensaios foram instaladas perto do refeitório do campus universitário. As águas residuais utilizadas no estudo foram exclusivamente águas cinzentas da messe do albergue, sem mistura de esgotos e de águas residuais do laboratório. O desempenho das espécies, *Canna Indica* (Canna), *Nephrolepis exaltata* (Fetos), *Tagetespatula* (Marie Gold) foi verificado para o tratamento de águas residuais no ensaio.

De acordo com os resultados obtidos no presente ensaio, a eficiência de remoção de poluentes foi considerada apreciável para todos os parâmetros, ou seja, CBO, CQO e NPK. Os resultados poderiam ter sido melhorados aumentando a área de superfície das zonas húmidas e optimizando os tempos de retenção hidráulica (HRT). Espécies como a cana e o feto podem ser utilizadas para a remoção de poluentes, bem como para o arranjo paisagístico da zona. A Marie gold também pode ser utilizada como espécie de zona húmida com uma manutenção inicial mais elevada e mais investigação.

O estudo pode ser recomendado para investigação futura, bem como para a utilização prática descentralizada das águas cinzentas da messe. O tamanho da zona húmida pode ser aumentado com base na descarga per capita de águas residuais da messe. Um maior número de plantas e um maior tempo de retenção podem aumentar ainda mais a eficiência do sistema de zonas húmidas construídas. Podem ser instaladas séries de zonas húmidas tendo em conta a carga contínua de águas residuais da messe e para desviar o fluxo para a zona húmida seguinte quando uma estiver carregada até à sua capacidade máxima.

Este sistema, para além de proporcionar uma opção sustentável de tratamento das águas residuais, pode também aumentar o valor estético e comercial da zona. Isto pode, simultaneamente, diminuir a quantidade de água doce utilizada para irrigar as plantas que se encontram no jardim da universidade. Estas zonas húmidas construídas podem ser instaladas perto de todos os refeitórios das residências de raparigas e rapazes na universidade, o que pode proporcionar uma remoção eficaz de contaminantes com um exemplo real de sustentabilidade ambiental.

6. REFERÊNCIAS

Abbas, O. e Fayyad, M. (2003). Tratamento de águas residuais domésticas por zonas húmidas de fluxo construído de fluxo subsuperficial na Jordânia. *Desalination.* 155: 27-39.

Al-Hamaiedeh H, Bino M (2010), Effect of treated grey water reuse in irrigation on soil and plants, *Desalination,* 256: 115-119

Allen, L.H. (1997). Mecânica e taxas de transferência de O_2 para e através de rizomas e raízes submersas via aerênquima. *Soil & Crop Science Society of Florida.* 56: 47-54.

APHA. (2000). Standard methods for the examnation of watsre and wastewater. 21st Ed. Associação Americana de Saúde Pública, Washington, EUA

Boesch F Donald (2001), Causes and Consequences of nutrient over enrichment of coastal waters, 24th Seminário anual sobre emergências planetárias mundiais.

Brix, H. (1997). Funções das macrófitas em zonas húmidas construídas. *Ciência e Tecnologia da Água.* 29: 71-78..

Cameron, K., Madramootoo, C., Crolla A., Kinsley, C. (2003). Remoção de poluentes de efluentes de lagoas de esgotos municipais com uma zona húmida de superfície livre. *Water Research.* 37: 28032812.

Conselho Central de Controlo da Poluição. (2009). Status of water supply, wastewater generation and treatment in Class-I cities and Class-II towns of India (Situação do abastecimento de água, produção e tratamento de águas residuais nas cidades de Classe I e Classe II da Índia). Nova Deli. 30p

Conselho Central de Controlo da Poluição. (2013). Avaliação do desempenho das estações de tratamento de águas residuais no âmbito do NRCD. Conselho Central de Controlo da Poluição, Nova Deli.

Chang Soung, Chung Chang-Mo, Han Seung-Ho (2000), Treatment of oily wastewater by ultrafiltration and ozone, *Desalination,* 133: 225-232

Clarke Ernest, Baldwin H. Andrew (2002), Responses of wetland plants to ammonia and water level, *Ecological Engineering,* 18: 257-264

Cooper, P.F., Job, G.D., Green, M.B. e Shutes, R.B.EE. (1996). Reedbeds and Constructed Wetlands for Wastewater Treatment.WRC, Swindon, Wiltshire, UK.

Dixon A, Butler D , Fewkes A, Robinson M (2000), Measurement and modeling of quality changes in stored untreated grey water. *Urban Water,* 1: 293-306

Dudgeon David, Arthington H. Angela, Gessner O. Mark (2006), Freshwater biodiversity: importance, threats, status and conservation challenges, 81: 163-182

Fei, X., Weichao, L. e Jizheng, P. (2005). Eficiência e Funcionamento da Remoção de Azoto e Fósforo em Zonas Húmidas Construídas; Uma Revisão. *Wetland Science.* 3(3): 228234.

Goel,P.K. (2006).Water Pollution: Causes, Effects and Control. Delhi: New Age International Publishers.

Greenway Margaret, Wooley Anne (1999), Constructed wetlands in Queensland: Performance efficiency and nutrient bioaccumulation, *Ecological Engineering,* 12: 39-55

Directrizes para melhorar a eficiência da utilização da água nos sectores da irrigação, doméstico e industrial (2014), Comissão Central da Água do Ministério dos Recursos Hídricos.

Haberl R (1999), Constructed wetlands: A chance to solve wastewater problems in developing countries, *Water science and technology,* 40: 11-17

Hammer, D.A. (1994). Directrizes para a conceção, construção e funcionamento de zonas húmidas construídas para o tratamento de águas residuais de gado. In: Proceedings of a workshop on constructed wetlands for animal waste management (eds DuBowy, P.J. & Reaves, R.P.). Lafayette, IN. pp. 155-181.

Haung J, Reneau R B, Hagedorn (2000), Nitrogen removal in constructed wetlands employed to treat domestic wastewater, *Water Research*, 34: 2582-2588

Jefferson B, Laine A, Parsons S, Stephenson T, Judd S (2000). Tecnologias para a reciclagem de águas residuais domésticas.*Urban Water*,1: 285-292

Kadlec, R.H. e Knight, R.L. (2005). Treatment Wetlands, Lewis Publisher, Nova Iorque.

Karathanasis A.D, Potter C.L., Coyne M.S., (2003), Vegetation effects on fecal bacteria, BOD, and suspended solid removal in constructed wetlands treating domestic wastewater, *Ecological Engineering*, 20: 157-169

Kaur, R., Wani, S., Singh, A., e Lal, K. (2012). Wastewater production, treatment and use in India (Produção, tratamento e utilização de águas residuais na Índia). Disponível em: www.ais.unwater.org/ais/pluginfile.php/356/mod page/content/111/CountryReport India.p df

Kivaisi K Amelia (2001), the potential for constructed wetlands for wastewater treatment and reuse in developing countries: a review, *Ecological Engineering*, 16: 545-560

Koonerup, D., Koottatep, T., Brix, H. (2009). Tratamento de águas residuais domésticas em zonas húmidas tropicais, de fluxo subsuperficial, plantadas com Canna e Heliconia. *Engenharia Ecológica.* 35: 248-257

Lens N Piet, Vochten M. Piet, Speleers Lode, Verstraete H. Willy (1994), Direct treatment of domestic wastewater by percolation over peat, bark and woodchips. *Investigação sobre a Água*, 28: 17-26

Mbuligwe E. Stephen (2004), Comparitive effectiveness of engineered wetland systems in the treatment of anaerobically pre-treated domestic wastewater, *Ecological Engineering*, 23: 269-284

Metcalf e Eddy (1991), Inc. Wastewater Engineering: Treatment Disposal and Reuse, terceira edição. New York: McGraw-Hill.

Murugesan & Rajakumari, A. (2005). Ciência ambiental e biotecnologia: Teoria e técnicas. Chennai: MUP.

Pescod M B e Arar A, Treatment and Use of Sewage Effluent for Irrigation (Tratamento e utilização de efluentes de esgotos para irrigação).

Ramasamy, E.V., Abbasi, S.A., (1999). Utilização de resíduos biológicos sólidos através da extração de ácidos gordos voláteis com subsequente conversão em metano e estrume. *Journal of Solid Waste Technology Management.* 26(3-4): 133-139

Raoohid Sally, L. e Jayakody, P. (2008). Drivers and characteristics of wastewater agriculture in developing countries: Results from a global assessment, Colombo, Sri Lanka, *IWMI Research report* 127, International Water Management Institute, Colombo.p35.

Reddy, K.R. e De-Busk, T.A. (1987). Utilização de plantas aquáticas de última geração no controlo da poluição da água. *Ciência e Tecnologia da Água.* 19 (10): 61-79

Rosas, Baez A, Coutino M (1984), Bacteriological Quality of crops irrigated with wastewater in the Xochimilco Plots, Mexico City, Mexico, *Applied and Environmental Microbiology*, 99: 1074-1079

Salgot M, Verges C, Angelakis A.N. (2002), Risk assessment for wastewater recycling and reuse

Seidel, K. (1966). Reinigung von Gewassern durch hohere Pflanzen Deutsche Naturwissenschaft, 12.:298-297.

Sim Hua Cheng, Yusoff Mohd Kamil, Shutes Brain, Chye Sinn, Mansor Mashhor (2008), Nutrient Removal in a pilot and full scale constructed wetland, Putrajaya city, Malayasia, *Journal of environmental Management,* 88: 307-317

Smith H Val (2003), Eutrophication of freshwater and coastal marine ecosystems a global problem. *Environmental Science and Pollution Research,* 10: 126-139

Smith, R.G. e Schroeder, E.D. (1985). Estudos de campo do processo de escoamento superficial para o tratamento de águas residuais municipais em bruto e tratadas primariamente. *Journal water pollution and control federation.* 57: 785.

Sooknah, R.D., Wilkie, A.C. (2004). Remoção de nutrientes por macrófitas aquáticas flutuantes cultivadas em águas residuais de estrume de vaca digeridas anaerobicamente. *Engenharia Ecológica.* 22: 27-42

Tanner, C.C. (1996). Plantas para sistemas de tratamento de zonas húmidas construídas - Uma comparação do crescimento e da absorção de nutrientes de oito espécies emergentes. *Engenharia Ecológica.* 7: 59-83

Tchobanoglous, G. (1993). Zonas húmidas construídas e sistemas de plantas aquáticas: questões de investigação, conceção, funcionamento e monitorização. In: constructed wetlands for Water Quality Improvement. Moshiri, G.A. (ed.), CRC Press, Boca Raton, Florida, pp. 23-24.

Trivedy, R.K. e Goel, P.K. (1984). Chemical and Biological methods for water pollution studies. Environmental Publications, Karad, Índia.

Vymazal, J. (2002). A utilização de zonas húmidas construídas à superfície para o tratamento de águas residuais na República Checa: 10 anos de experiência. *Ecological Engineering.* 18: 633-646

Wang, L. (N.D.). Engenharia moderna de recursos hídricos.

Wathugala G. Ariyawathie, Suzuki Takao, Kurihara Yasushi (1987), Removal of nitrogen, phosphorous and COD from wastewater using sand filtration system with *Phragmites Australis, Water Research,* 21: 1217-1224

Weisner, S.E.B., Eriksson, P.G., Graneli, W., Leonardson, L. (1994). Influência das macrófitas na remoção de azoto em zonas húmidas. *Ambio Journal of the Human Environment.* 23(6): 363-366.

Zurita F, Anda J De, Belmon M A (2009), Tratamento de águas residuais domésticas e produção de flores comerciais em zonas húmidas construídas de fluxo subsuperficial vertical e horizontal, *Engenharia Ecológica.*35: 861-869

I want morebooks!

Buy your books fast and straightforward online - at one of world's fastest growing online book stores! Environmentally sound due to Print-on-Demand technologies.

Buy your books online at
www.morebooks.shop

Compre os seus livros mais rápido e diretamente na internet, em uma das livrarias on-line com o maior crescimento no mundo! Produção que protege o meio ambiente através das tecnologias de impressão sob demanda.

Compre os seus livros on-line em
www.morebooks.shop

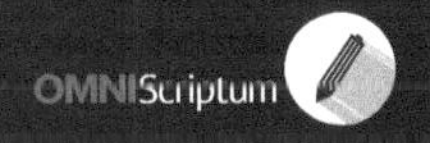

Printed by Books on Demand GmbH, Norderstedt / Germany